中国地质大学(武汉)实验教学系列教材
中国地质大学(武汉)实验技术研究项目资助
国家基础科学人才培养基金(J1103407)

土壤理化性质实验指导书

TURANG LIHUA XINGZHI SHIYAN ZHIDAOSHU

乔胜英 编著

中国地质大学出版社有限责任公司
ZHONGGUO DIZHI DAXUE CHUBANSHE YOUXIAN ZEREN GONGSI

图书在版编目(CIP)数据

土壤理化性质实验指导书/乔胜英编著.—武汉：中国地质大学出版社有限责任公司,2012.4
中国地质大学(武汉)实验教学系列教材
ISBN 978-7-5625-2793-0 （2016.2重印）

Ⅰ.①土…
Ⅱ.①乔…
Ⅲ.①土壤物理化学-物理化学性质-实验-高等学校-教学参考资料
Ⅳ.①S153-45

中国版本图书馆 CIP 数据核字(2012)第 027741 号

土壤理化性质实验指导书	乔胜英 编著
责任编辑：胡珞兰	责任校对：戴 莹

出版发行：中国地质大学出版社有限责任公司(武汉市洪山区鲁磨路388号)　邮政编码：430074
电　　话：(027)67883511　　　　传　　真：67883580　　E-mail:cbb@cug.edu.cn
经　　销：全国新华书店　　　　　　　　　　　　　　　　http://www.cugp.cug.edu.cn

开本：787 毫米×1 092 毫米 1/16	字数：160千字　印张：6.125
版次：2012年4月第1版	印次：2016年2月第2次印刷
印刷：武汉珞南印务有限公司	印数：501-1500册
ISBN 978-7-5625-2793-0	定价：16.00元

如有印装质量问题请与印刷厂联系调换

中国地质大学(武汉)实验教学系列教材

编委会名单

主　任：唐辉明

副主任：向　东　杨　伦

编委会成员：(以姓氏笔划排序)

牛瑞卿　王　莉　王广君　王春阳　何明中
吴　立　李鹏飞　杨坤光　杨明星　卓成刚
周顺平　罗新建　饶建华　夏庆霖　梁　志
梁　杏　曾健友　程永进　董元兴　戴光明

选题策划：

梁　志　毕克成　郭金楠　赵颖弘　王凤林

前　言

　　土壤是岩石(母质)、气候、地形、生物、时间因素及人为活动影响的自然物质，土壤既是农业的基础，也是地质工作及环境科学研究的重要环境介质。

　　土壤理化性质实验指导书可以作为地质学、环境学专业等本科生土壤及土壤化学课程实验教材或工具书。本书的主要内容包括土壤野外观察采集方法、土壤物理化学性质分析和土壤元素赋存形态提取分析方法以及土壤吸附模拟实验方案。

　　由于编者水平所限，书中疏漏、错误之处在所难免，敬请读者提出宝贵意见，以便进一步修改。感谢中国地质大学(武汉)实验设备处对本实验教材建设的资助。感谢中国地质大学(武汉)出版社编辑出版工作人员。

编　者

2011 年 11 月

目 录

第1章 土壤分析基础知识 (1)
1.1 实验室用水 (1)
1.2 常用器皿与使用方法 (4)
1.3 常用的组分分离和富集方法 (8)

第2章 土壤样品野外采集与制备 (10)
2.1 自然土壤野外观察 (10)
2.2 土壤剖面的观察和记录 (13)
2.3 土壤样品的采集 (18)
2.4 土壤样品的制备 (23)
2.5 土壤质地的野外分析 (25)
2.6 土壤水分的测定 (26)

第3章 土壤理化性质分析 (28)
3.1 土壤容重、比重测定实验,土壤孔隙度测定 (28)
3.2 土壤水势测定 (31)
3.3 土壤比表面的测定 (33)
3.4 土壤电荷量测定(Mehlich 法) (35)
3.5 土壤电荷零点(PZC)的测定 (37)
3.6 土壤净电荷零点(PZNC)的测定 (39)
3.7 土壤表面羟基释放量的测定 (40)
3.8 土壤有机质含量测定 (42)
3.9 土壤的 pH 值测定 (47)
3.10 土壤氧化还原电位的测定 (51)

第4章 土壤中的元素分析 (54)
4.1 土壤溶液组成的测定 (54)

  4.2 土壤中磷的测定 ·· (56)
  4.3 土壤中氮的测定 ·· (63)
  4.4 土壤中钾的测定 ·· (69)
  4.5 土壤中的微量元素（铜、铅、锌）的测定 ································ (71)
  4.6 土壤中铅的测定 ·· (75)

第5章 土壤中元素的形态分析 ·· (77)
  5.1 单一提取态分析 ·· (77)
  5.2 连续提取态分析 ·· (78)
  5.3 土壤对磷的等温吸附 ··· (81)
  5.4 土壤 Zn^{2+} 吸附反应活化能的测定 ·· (83)

参考文献 ·· (86)

附表A 元素的原子量表 ··· (87)

附表B 常用商品试剂的近似比重、百分含量、摩尔浓度和当量浓度 ·········· (88)

附表C 几种洗涤液的配制 ·· (89)

第1章　土壤分析基础知识

1.1　实验室用水

水是实验室内一个常被忽视但至关重要的试剂。

1.1.1　实验室常用水种类

1) 蒸馏水(distilled water)

实验室最常用的一种纯水，虽设备便宜，但极其耗能和费水且速度慢，其应用会逐渐减少。蒸馏水能去除自来水中大部分的污染物，但挥发性杂质无法去除，如二氧化碳、氨、二氧化硅以及一些有机物。新鲜的蒸馏水是无菌的，但储存后细菌易繁殖。此外，储存的容器也很讲究，若是非惰性的物质，离子和容器的塑形物质会析出造成二次污染。

2) 去离子水(deionized water)

应用离子交换树脂去除水中的阴离子和阳离子，但水中仍然存在可溶性有机物，可以污染离子交换柱从而降低其功效。去离子水存放后也容易引起细菌繁殖。

3) 反渗水(reverse osmosis water)

其生成的原理是水分子在压力的作用下，通过反渗透膜成为纯水，水中的杂质被反渗透膜截留排出。反渗水克服了蒸馏水和去离子水的许多缺点，利用反渗透技术可以有效地去除水中的溶解盐、胶体、细菌、病毒、细菌内毒素和大部分有机物等杂质。

4) 超纯水(ultra-pure grade water)

其标准是水电阻率为 $18.2M\Omega \cdot cm$。但超纯水在总有机碳(TOC)、细菌、内毒素等指标方面并不相同，要根据实验的要求来确定，如细胞培养则对细菌和内毒素有要求，而HPLC(高效液相色谱)高效液相色谱则要求TOC低。

1.1.2　评价水质的常用指标

1) 电阻率(electrical resistivity)

衡量实验室用水导电性能的指标，单位为 $M\Omega \cdot cm$。随着水内无机离子的减少、电阻加大，则数值逐渐变大，实验室超纯水的标准：电阻率为 $18.2M\Omega \cdot cm$。

2) 总有机碳(total organic carbon, TOC)

水中总的含碳量,水样中有机化合物总量的综合指标,单位为 10^{-6} 或 10^{-9}。

3) 内毒素(endotoxin)

革兰氏阴性细菌的脂多糖细胞壁碎片,又称之为"热原",单位为 CUF(菌落数)。

1.1.3 实验室用水的要求

实验室用水的外观应为无色透明的液体。它分为3个等级:一级水,基本上不含有溶解或胶态离子杂质及有机质,它可用二级水经过石英装置重蒸馏、离子交换混合床和 0.2μm 的过滤膜的方法制得;二级水,可允许含有微量的无机、有机或胶态杂质,可用蒸馏、反渗透或去离子后再蒸馏等方法制得;三级水,可采用蒸馏、反渗透或去离子等方法制得。

按照我国国家标准《实验室用水规格》(GB 6682-86)之规定,实验室用水要经过 pH、电导率、可氧化物限度、吸光度及二氧化硅5个项目的测定和试验,并应符合相应的规定和要求(表1-1)。

表1-1 实验室用水标准

级别	一级水	二级水	三级水
pH	难于测定,不规定	难于测定,不规定	5.0~7.5(pH 计测定)
电导率(μs/cm)	<0.1	<1.0	<5.0
可氧化物限度	无此测定项目	1L 水+98g/L 硫酸 10mL+0.002mol/L 高锰酸钾 1.0mL 煮沸 5min,淡红色不褪尽	100mL 水同左测定
吸光度($\lambda=254$nm)	<0.001(石英比色杯,1cm 为参比,测 2cm 比色杯中水的吸光度)	<0.01(同左)	无此测定项目
二氧化硅(mg/L)	<0.02	<0.05	无此测定项目

土壤理化分析实验室的用水一般使用三级水,有些特殊的分析项目要求用更高纯度的水。其水的纯度可用电导仪测定电阻率、电导率或用化学的方法检查。电导率在 $2\mu s/cm$ 左右的普通纯水即可用于常量分析,微量元素分析和离子电极法、原子吸收光谱法等有时需用 $1\mu s/cm$ 以下的优质纯水,特纯水可在 0.06 以下。几种水的电阻率和电导率如图1-1所示。

一般土壤理化分析实验室用水还可以用以下化学检查方法:

(1)金属离子:水样 10mL,加铬黑 T-氨缓冲溶液(0.5g 铬黑 T 溶于 10mL 氨缓冲溶

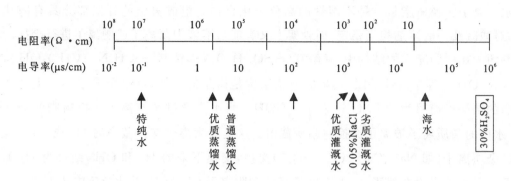

图1-1 几种水的电阻率和电导率

液,加酒精至100mL)2滴,应呈蓝色。如为紫红色,表明含有Ca、Mg、Fe、Al、Cu等金属离子;此时可加入1滴0.01mol/L EDTA二钠盐溶液,如能变为蓝色表示纯度尚可,否则为不合格(严格要求时须用50mL水样检查,如加1滴EDTA不能变蓝即不合格)。

(2)氯离子:水样10mL,加浓HNO_3溶液1滴和0.1mol/L $AgNO_3$溶液5滴,几分钟后在黑色背景上观察完全澄清,无乳白色浑浊生成,否则表示Cl^-较多。

(3)pH值:应在6.5~7.5范围以内。水样加1g/L甲基红指示剂应呈黄色;加1g/L溴百里酚蓝指示剂应呈草绿色或黄色,不能呈蓝色;加1g/L酚酞指示剂应完全无色。pH值也可用广泛试纸检查。纯水由于溶有微量CO_2,pH值常小于7;太小则表明溶解的CO_2太多,或者离子交换器有H^+泄漏;太大则表明含HCO_3^-太多或者离子交换器有OH^-泄漏。单项分析用的纯水有时需作单项检查。例如,测定氮时需检查无氮或无酸碱;测定磷时需检查无磷等。

某些微量元素分析和需用纯度很高的水,可将普通纯水用硬质玻璃蒸馏器加少量的$KMnO_4$(氧化有机质),并视需要加少量的H_2SO_4(防止氨等馏出)或NaOH少量(防止CO_2、SO_2、H_2S等馏出)重新蒸馏,制成"重蒸馏水";也可用离子交换法制取优质去离子水。

1.1.4 纯水的制备

分析工作中需用的纯水用量很大,必须注意节约用水、水质检查和正确保存,勿使其受器皿和空气等来源的污染,必要时装苏打或石灰管防止CO_2的溶解沾污。

纯水的制备常用蒸馏法和离子交换法。

蒸馏法是利用水与杂质的沸点不同,经过外加热使所产生的水蒸气经冷凝后制得。用蒸馏法制得的蒸馏水由于经过高温处理,不易长霉,但蒸馏器皿多为铜制或锡制,因此蒸馏水中难免有痕量的这些金属离子存在。实验室自制时可用电热蒸馏水器,出水量有5L/h、10L/h、20L/h或50L/h等几种,使用尚方便,但耗电较多,出水速度较小。

离子交换法可制得质量较高的纯水——去离子水,一般是用自来水通过离子纯水器制得,因未经高温灭菌,往往容易长霉。水通过交换树脂获得的纯水称离子交换水或去离子水。离子交换树脂是一种不溶性的高分子化合物。组成树脂的骨架部分具有网状结构，对酸碱及一般溶剂相当稳定，而骨架上又有能与溶液中阳离子或阴离子进行交换的活性基团。在树脂庞大的结构中，磺酸基($-SO_3^-H^+$)或季铵基[$-CH_2N^+(CH_3)_3OH^-$，简作$\equiv N^+OH^-$]等是活性基团，其余的网状结构是树脂的骨架，可以用 R 表示。上述两种树脂的结构可简写为 $R-SO_3H$ 和 $R\equiv NOH$。当水流通过装有离子交换树脂的交换器时，水中的杂质离子被离子交换树脂所截留。这是因为离子交换基中的 H^+ 或 OH^- 与水中的杂质离子（如 Na^+、Ca^{2+}、Cl^-、SO_4^{2-}）交换，交换下来的 H^+ 和 OH^- 结合为 H_2O，而杂质离子则被吸附在树脂上，以阳离子 Na^+ 和阴离子 Cl^- 为例，其化学反应式为：

$$R-SO_3H+Na^+ \rightleftharpoons R-SO_3Na+H^+$$

$$R\equiv NOH+Cl^- \rightleftharpoons R\equiv NCl+OH^-$$

$$OH^-+H^+ \longrightarrow H_2O$$

上述离子反应是可逆的，当 H^+ 与 OH^- 的浓度增加到一定程度时，反应向相反方向进行，这就是离子交换树脂再生的原理。在纯水制造中，通常采用强酸性阳离子交换树脂（如国产 732 树脂）和强碱性阴离子树脂（如国产 717 树脂）。

制取纯度很高的水可采用混合柱法：将阳离子、阴离子按 1∶1.5 或 1∶2 或 1∶3 的比例（随两种树脂交换能力的相对大小而定）混合装在交换柱中，它相当于阳离子、阴离子交换柱的无限次串联。一种树脂的交换产物[例如 HCl 或 $Ca(OH)_2$ 等]可立即被另一种树脂交换除去，整个系统的交换产物就是中性水，因此交换作用更完全，所得去离子水的纯度也更高。但混合柱中两种树脂再生时，需要先用较浓的 NaOH 或 HCl 溶液逆流冲洗，使比重较小的阴离子交换树脂浮升到阳离子交换树脂上面，用水洗涤后，再在柱的上、下两层分别进行阳离子、阴离子交换树脂的再生。也可以采用联合法，即在"复柱"后面安装一个"混合柱"，按照阳→阴→混的顺序串联各柱，则可得优质纯水，可以减少混合柱中树脂分离和再生的次数。

1.2　常用器皿与使用方法

1.2.1　玻璃器皿

1.2.1.1　软质玻璃

软质玻璃又称普通玻璃，是由二氧化硅(SiO_2)、氧化钙(CaO)、氧化钾(K_2O)、三氧化二铝(Al_2O_3)、三氧化二硼(B_2O_3)、氧化钠(Na_2O)等成分制成，有一定的化学稳定性、热稳定性和机械强度，透明性较好，易于灯焰加工焊接，但热膨胀系数大，易炸裂、破碎。因此，多制成不需要加热的仪器，如试剂瓶、漏斗、量筒、玻璃管等。

1.2.1.2 硬质玻璃

硬质玻璃又称硬料,主要成分是二氧化硅(SiO_2)、碳酸钾(K_2CO_3)、碳酸钠(Na_2CO_3)、碳酸镁($MgCO_3$)、硼砂($Na_2BO_7 \cdot 10H_2O$)、氧化锌(ZnO)、三氧化二铝(Al_2O_3)等,也称为硼硅玻璃。如我国的"95料"、GG-17耐高温玻璃和美国的Pyrex玻璃等。硬质玻璃的耐温、耐腐蚀及抗击性能好,热膨胀系数小,可耐较大的温差(一般在300℃左右),可制成加热的玻璃器皿,如各种烧瓶、试管、蒸馏器等。但不能用于B、Zn元素的测定。

此外,根据某些分析工作的要求,还有石英玻璃、无硼玻璃、高硅玻璃等。

容量器皿的容积并非都十分准确地与其标示的大小相符,如量筒、烧杯等。但定量器皿如滴定管、移液管或吸量管等,它们的刻度是否精确,常常需要校正。关于校准方法,可参考有关书籍。玻璃器皿的允许误差见表1-2。

表1-2 玻璃器皿的允许误差

容积(mL)	误差限度(mL)			
	滴定管	吸量管	移液管	容量瓶
2		0.01	0.006	
5	0.01	0.02	0.01	
10	0.02	0.03	0.02	0.02
25	0.03		0.03	0.03
50	0.05		0.05	0.05
100	0.10		0.08	0.08
200				0.10
250				0.11
500				0.15
1 000				0.30

玻璃器皿洗涤的要则是"用毕立即洗刷"。如待污物干结后再洗,必将事倍功半。烧杯、三角瓶等玻璃器皿一般用自来水洗刷,并用少量纯水淋洗2~3次即可。每次淋洗必须充分沥干后再洗第二次,否则洗涤效率不高。洗涤的器皿内壁应能均匀地被水湿润、不沾水滴。一般污痕可用洗衣粉(合成洗涤剂)刷洗或用铬酸洗液浸泡后再洗刷。含砂粒的洗衣粉不宜用来擦洗玻璃器皿的内壁,特别是不要用它来刷洗量器(量筒、容量瓶、滴定管等)的内壁,以免擦伤玻璃。用上述方法不能洗去的特殊污垢,须将水沥干后根据污垢的化学性质和洗涤剂的性能,选用适当的洗涤液浸泡刷洗。例如,多数难溶于水的无机物(铁锈、水垢等)用废弃的稀HCl或HNO_3;油脂用铬酸洗涤液(温度视玻璃的质量和洗涤

的难易而定)或碱性酒精洗涤液或碱性 $KMnO_4$ 洗液;盛 $KMnO_4$ 后遗下的 MnO_2 氧化性还原物用 $SnCl_2$ 的 HCl 液或草酸的 H_2SO_4 液,难溶的银盐(AgCl、Ag_2O 等)用 $Na_2S_2O_3$ 液或 NH_3 水;铜蓝痕迹和钼磷喹啉、钼酸(白色 MoO_3 等)用稀 NaOH 液;四苯硼钾用丙酮等。用过的各种洗液都应倒回原瓶以备再用。器皿用清水充分洗刷并用纯水淋洗几次。

1.2.2 瓷、石英、玛瑙、铂、塑料和石墨等器皿

1.2.2.1 瓷器皿

实验室所用的瓷器皿实际上是上釉的陶器。因此,瓷器的许多性质主要由釉的性质决定。它的溶点较高(1 410℃),可高温灼烧,如瓷坩埚可以加热至 1 200℃,灼烧后重量变化小,故常用来灼烧沉淀和称重。它的热膨胀系数为 $(3\sim4)\times10^{-6}$,在蒸发和灼烧的过程中,应避免温度的骤然变化和加热不均匀现象,以防破裂。瓷器皿对酸碱等化学试剂的稳定性较玻璃器皿的稳定性好,然而同样不能与 HF 接触,过氧化钠及其他碱性溶剂也不能在瓷器皿或瓷坩埚中熔融。

1.2.2.2 石英器皿

它的主要化学成分是二氧化硅,除 HF 外,不与其他的酸作用。在高温时,能与磷酸形成磷酸硅,易与苛性碱及碱金属碳酸盐作用,尤其在高温下侵蚀更快,然而可以进行焦磷酸钾熔融。石英器皿对热稳定性好,在约 1 700℃ 以下不变软、不挥发,但在 1 100~1 200℃ 开始失去玻璃光泽。由于其热膨胀系数较小,只有玻璃的 1/15,故而热冲击性好。石英器皿价格较贵,脆而易破裂,使用时须特别小心,其洗涤的方法大体与玻璃器皿相同。

1.2.2.3 玛瑙器皿

该器皿是二氧化硅胶溶体分期沿空隙向内逐渐沉积形成的同心层或平层块体,可制成研钵和杵,用于土壤全量分析时研磨土样和某些固体试剂。

玛瑙质坚而脆,使用时可以研磨,但切莫将杵击撞研钵,更要注意勿摔落地上。它的导热性能不良,加热时容易破裂。所以,无论在任何情况下都不得烘烤或加热。玛瑙是层状多孔体,液体能渗入层间内部,所以玛瑙研钵不能用水浸洗,而只能用酒精擦洗。

1.2.2.4 铂质器皿

铂的熔点很高(1 774 ℃),导热性好,吸湿性小,质软,能很好地承受机械加工,常用铂与铱的合金(质较硬)制作坩埚和蒸发器皿等分析用器皿。铂的价格很贵,约为黄金的 9 倍,故使用铂质器皿时要特别注意其性能和使用规则。

铂对化学试剂比较稳定,特别是对氧很稳定,也不溶于单独的 HCl、HNO_3、H_2SO_4、HF,但易溶于易放出游离的 Cl_2 王水,生成褐红色稳定的络合物 H_2PtCl_6。

其反应式:

$$3HCl + HNO_3 \leftrightarrow NOCl + Cl_2 + 2H_2O$$

$$Pt + 2Cl_2 \leftrightarrow PtCl_4$$
$$PtCl_4 + 2HCl \leftrightarrow H_2PtCl_4$$

铂在高温下对一系列化学作用非常敏感。例如,高温时能与游离态卤素(Cl_2、Br_2、F_2)生成卤化物,与强碱 NaOH、KOH、LiOH、$Ba(OH)_2$ 等共熔也能变成可溶性化合物,但 Na_2CO_3、K_2CO_3 和助溶剂 $K_2S_2O_7$、$KHSO_4$、$Na_2B_4O_7$、$CaCO_3$ 等对铂仅稍有侵蚀,尚可忍受,灼热时会与金属 Ag、Zn、Hg、Sn、Pb、Sb、Bi、Fe 等生成较易熔的合金。与 B、C、Si、P、As 等造成变脆的合金。

根据铂的这些性质,使用铂器皿时应注意下列各点。

(1)铂器易变形,勿用力捏或与坚硬物件碰撞。变形后可用木制模具整形。

(2)勿与王水接触,也不得使用 HCl 处理硝酸盐或 HNO_3 处理氯化物。但可与单独的强酸共热。

(3)不得溶化金属和一切高温下能析出金属的物质,金属的过氧化物、氰化物、硫化物、亚硫酸盐、硫代硫酸盐、苛性碱等,磷酸盐、砷酸盐、锑酸盐只能在电炉中(无碳等还原性物质)熔融,赤热的铂器皿不得用铁钳夹取(须用镶有铂头的坩埚钳)并放在干净的泥三角架上。勿接触铁丝。石棉垫也须灼尽有机质后才能应用。

(4)铂器应在电炉上或喷灯上加热,不允许用还原焰特别是有烟的火焰加热,灰化滤纸的有机样品时也须先在通风条件下低温灰化,然后再移入高温电炉灼烧。

(5)铂器皿长久灼烧后有重结晶现象而失去光泽,容易裂损。可用滑石粉的水浆擦拭,恢复光泽后洗净备用。

(6)铂器皿洗涤可用单独的 HCl 或 HNO_3 煮沸溶解一般难溶的碳酸盐和氧化物,而酸的氧化物可用 $K_2S_2O_7$ 或 $KHSO_4$ 熔融,硅酸盐可用碳酸钠、硼砂熔融,或用 HF 加热洗涤。熔融物须倒入干净的容器,切勿倒入水盆或湿缸,以防爆溅。

1.2.2.5 银、镍、铁器皿

铁、镍的熔点高(分别为 1 535℃ 和 1 452℃),银的熔点较低(961℃),对强碱的抗蚀力较强(Ag>Ni>Fe),价较廉。这 3 种金属器皿的表面易氧化而改变重量,故不能用于沉淀物的灼烧和称重。它们最大的优点是可用于一些不能在瓷或铂坩埚中进行的样品熔融,例如 Na_2O_2 和 NaOH 熔融等,一般只需 700℃ 左右,仅约 10min 即可完成。熔融时可用坩埚钳,夹好坩埚和内物,在喷灯上或电炉内转动,勿使底部局部太热而导致穿孔。铁坩埚一般可熔融 15 次以上,虽较易损坏,但因其价廉还是可取的。

1.2.2.6 塑料器皿普通塑料器皿

一般是指用聚乙烯或聚丙烯等热塑而成的聚合物。低密度的聚乙烯塑料,熔点为108℃。加热不能超过70℃,高密度的聚乙烯塑料,熔点为135℃,加热不能超过100℃,它的硬度较大。它们的化学稳定性和机械性能好,可代替某些玻璃、金属制品。在室温下,不受浓盐酸、氢氟酸、磷酸或强碱溶液的影响,只有被浓硫酸(大于 600g/kg)、浓硝酸、溴水或其他强氧化剂慢慢侵蚀。有机溶剂会侵蚀塑料,故不能用塑料瓶储存。而储存水、标

准溶液和某些试剂溶液比玻璃容器优越,尤其适用于微量物质分析。

聚四氟乙烯的化学稳定性和热稳定性好,是耐热性能最好的有机材料,使用温度可达250℃。当温度超过415℃时,急剧分解。它的耐腐蚀性好,对于浓酸(包括HF)、浓碱或强氧化剂,皆不发生作用。可用于制造烧杯、蒸发皿、表面皿等。聚四氟乙烯制的坩埚能耐热至250℃(勿超过300℃),可以代替铂坩埚进行HF处理,塑料器皿对于微量元素和钾、钠的分析工作尤为有利。

1.2.2.7 石墨器皿

石墨是一种耐高温材料,即使达到2 500℃左右也不熔化,只在3 700℃(常压)升华为气体。石墨有很好的耐腐蚀性,无论有机或无机溶剂都不能溶解它。在常温下不与各种酸、碱发生化学反应,只在500℃以上才与硝酸强氧化剂等反应。此外,石墨的热膨胀系数小,耐急冷热性也好。其缺点是耐氧化性能差,随温度的升高,氧化速度逐渐加剧。常用的石墨器皿有石墨坩埚和石墨电极。

1.3 常用的组分分离和富集方法

1.3.1 分离(separation)和富集(enrichment)的目的

在定量化学分析中,如果试样比较单纯,一般可以直接进行测定。但在实际分析工作中,大多数试样都是由多种物质组合而成的混合物,且成分复杂,其他组分的存在往往干扰并影响测定的准确度,甚至无法进行测定。

定量分离和富集的任务:一是将待测组分从试液中定量分离出来(或将干扰组分从试液中分离出去);二是通过分离使待测的痕量组分达到浓缩和富集的目的,以满足测定方法灵敏度的要求。

1.3.2 对分离和富集的一般要求

在定量化学分析中对分离和富集的一般要求是分离和富集要完全,干扰组分应减少到不干扰测定;另外在操作过程中不要引入新的干扰,且操作要简单、快速;被测组分在分离过程中的损失量要小到可以忽略不计。在实际工作中通常用回收率(recovery)来衡量分离效果。

所谓欲测组分的回收率是指欲测组分经分离或富集后所得的含量与它在试样中的原始含量的比值(数值以%表示)。

$$回收率 = \frac{分离后测得量}{原始含量} \times 100\%$$

显然回收率越高,分离效果越好,说明待测组分在分离过程中的损失量越小。在实际分析中,按待测组分含量的不同,对回收率的要求也不同。对常量组分的测定,要求回收率大于 99.9%;而对于微量组分的测定,回收率可为 95%,甚至更低。

1.3.3 分离和富集的方法

在定量化学分析中为使试样中某一待测组分和其他组分分离,并使微量组分达到浓缩、富集的目的,可通过它们某些物理或化学性质的差异,使其分别存在于不同的两相中,再通过机械的方法把两相完全分开。常用的分离和富集方法介绍如下。

1.3.3.1 沉淀(precipitation)分离法

在被测试样中加入某种沉淀剂,使其与被测离子或干扰离子反应,生成难溶于水的沉淀,从而达到分离的目的。该法在常量和微量组分中皆可采用,常用的沉淀剂有无机沉淀剂和有机沉淀剂。

1.3.3.2 溶剂萃取(solvent extraction)分离法

将与水不混溶的有机溶剂与试样的水溶液一起充分振荡,使某些物质进入有机溶剂,而另一些物质则仍留在水溶液中,从而达到相互分离。该法在常量和微量组分中皆可采用,使用时应根据相似相溶原理选择适宜的萃取剂。

1.3.3.3 离子交换分离法(ion-exchange separation)

利用离子交换树脂对阳离子和阴离子进行交换反应而进行分离,常用于性质相近或带有相同电荷的离子的分离、富集微量组分以及高纯物质的制备。通常选用强酸性阳离子交换树脂和强碱性的阴离子交换树脂进行离子交换分离。

1.3.3.4 色谱(chromatography)分离法

色谱分离法实质上是一种物理化学分离方法,即利用不同物质在两相(固定相和流动相)中具有不同的分配系数(或吸附系数),当两相作相对运动时,这些物质在两相中反复多次分配(即组分在两相之间进行反复多次的吸附、脱附或溶解、挥发过程),从而使各物质得到完全分离。

将在玻璃或金属柱中进行操作的色谱分离称为柱色谱(column chromatography);将滤纸作为固定相,在其上展开分离的称纸色谱(paper chromatography);将吸附剂研成粉末,再压成或涂成薄膜,在其上展开分离的称薄层色谱(thin layer chromatography)。

1.3.3.5 挥发(volatilzation)和蒸馏(distillation)分离法

挥发是利用物质的挥发性不同而将物质彼此分离;蒸馏是将被分离的组分从液体或溶液中挥发出来,而后冷凝为液体,或者将挥发的气体吸收。

第2章　土壤样品野外采集与制备

2.1　自然土壤野外观察

2.1.1　目的要求

自然土壤是在五大自然成土因素（母质、生物、地形、气候、时间，其中生物是主导因素）的综合作用下而形成的，自然成土的因素不同，所形成的自然土壤也不同，野外土壤实习在于使学生了解自然土壤与自然因素之间的相互关系，识别自然成土因素（主要是地形、母质和植被）和自然土壤的形态特征。

2.1.2　主要内容

武汉市处于江汉平原东部，属长江中游丘陵平原地形。山脉呈近东西向展布，与区域地质构造线方向相同，海拔高程为 20~197.7m，有蛇山、鼓架山、白浒山、洪山、喻家山等。市区位于长江、汉水交汇处，河网纵横，湖泊密布，外缘河流有府河、滠水、倒水等，皆属长江水系。气候特征是亚热带气候，四季分明，年平均气温为 16.7℃，年平均降水量为 1 284mm。

武汉市地层区划属扬子区下扬子分区的大冶小区，仅北东角跨及昆仑秦岭区的大别山南部小区一隅。地层从志留系到第四系均有分布，第四系分布广泛，约占 81%。武汉市地形主要可分为 3 类：构造剥蚀地形，包括低山、丘陵和残丘 3 种；剥蚀、堆积地形主要是高低垄岗组成的长江二、三级阶地；堆积地形主要是长江、汉水两岸及诸河流的冲积平原、冲积湖积平原、心滩、漫滩及湖泊阶地，也有局部的长江二级阶地。

从海拔上分为 4 层：低山区（海拔高程为 500~800m）；丘陵区（海拔高程为 100~500m）；垄岗区（海拔高程为 35~100m）；平原区（海拔高程为 16~30m）。由于内外营力综合作用和地表组成物质的差异，各地貌区内具有相似土壤组合，使土壤的分布呈现鲜明的层次特征。

低山区：位于黄陂西北、木兰山及新洲东部，多系变质岩、花岗岩山体，绝对高程为 500~800m，山坡较陡，黄棕壤性土集中分布此区。由于花岗岩风化砂粒随洪水冲刷而下，造成河流两边部分农田被砂埋压，是山区土壤砂化的主要原因，土壤以酸性结晶岩黄棕壤为主，山冲及河流两岸分布有水稻土及潮土。

丘陵区：江北受地质、构造、岩性因素的控制，自太古宙以来一直缓慢上升，长期的剥蚀作用形成了丘陵地形，其岩石多为变质岩，形成宽谷缓丘，山坡以酸性结晶岩黄棕壤为主，谷底洪积冲积及坡积物多辟为农田，经水耕熟化作用发育为水稻土。江南多系泥盆系或志留系石英砂岩、砂页岩、石灰岩。山体呈近东西走向，坡脚多为第四系堆积物，分布的土壤主要为硅质岩、泥质岩棕红壤及第四系棕红壤和水稻土等。孤丘多为泥盆系石英砂岩山体，如吴家山，多为硅质岩棕红壤和黄棕壤。

垄岗区：主要地貌是岗状平原，包括长江二、三级阶地在内，以长江、汉江为界，南北岗地对称，江北岗地北高南低，主要为中更新统（Q_2）和上更新统（Q_3）堆积物构成，夹有白垩系红层冲沟发育，河谷平原与丘岗平行错落。岗面发育第四系黄棕壤红砂岩黄棕壤，冲垄中为黄棕壤发育的水稻土。江南岗地准台面南高北低，但由于挽近世的区域间歇性升降运动和构造湖泊的断阻，冲积发育没有定向性，但有一基本特点是常垂直于湖岸或与长江垂直，呈树枝状伸展。在汉阳境内准台面由中心向四周倾斜。江南岗地多由中更新统（Q_2）和上更新统（Q_3）物质组成，一般岗坡下部覆盖有上更新统（Q_3）物质，呈内迭式覆盖，发育着第四系黄棕壤。岗顶发育第四系棕红壤，冲塝中分布着第四系红黄泥田和第四系黄泥田。

平原区：波状平原属长江二级阶地，主要分布在青山、横山、汉阳等地，呈小面积断续分布，由上更新统（Q_3）冲积物组成，主要发育第四系黄土和第四系黄泥田。

平坦平原：其中有长江一级阶地和高河漫滩，由全新统（Q_4）冲积物组成，江北诸河沿岸发育潮土，长江、汉水诸河沿岸发育着灰潮土，滩后有部分水稻土。

冲积、湖积平原主要在洪泛区沉湖、张家大湖及江北张渡湖、武湖的外围，大多围垸垦植，也有些自然植被，地表物质主要是冲积湖积物，发育着潮土、潮土性水稻土和草甸土，低洼渍水处有草甸沼泽土。

湖积平原主要由淤泥质湖积物组成，诸大湖周围都有分布，多形成草甸沼泽土和沼泽土，大多保留着水生、湿生草被。

心滩和漫滩主要在长江河曲地段及江河中间，由冲积砂土或亚砂土组成，呈条形、梭形分布于江边和江心，洪水期被淹没，枯水期出露，发育着草甸土和潮土。

地貌成因不同对土壤有明显的影响。地貌高差起伏程度、坡高及成因制约着土壤的性质，如土层厚薄、质地、发育程度；地面的组成物质与土壤的性质具有内在联系，影响土壤的属性；地势状况对水/热作用具有再分配功能，不同地貌区的水文状况，影响了土壤的成土过程，控制了初育土、淋溶土、半水成土及水稻土分布的区域。武汉地区的地质地貌、母质类型见图2-1。

武汉境内的天然森林已被破坏，取代的是人工次生林，低湖地区散存湖沼草甸植被。不同的地区植被的群落组成不同。在武汉市南部及东南部，以樟树、楠竹、杉木、油茶、茶叶、女贞、柑橘为代表，显示了中亚热带常绿阔、针叶混交林的某些特征，反映了红壤地带

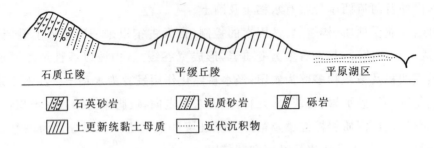

图 2-1　武汉地区地质地貌、母质类型示意图

土壤的酸性、富铝特性及中亚热带的生物气候特征。在长江、汉水以北，植被群落以马尾松、水杉、法桐、落羽松、栎、柿、栗等树种为主，显示了北亚热带植被以落叶阔叶、常绿阔叶混交林为主的某些特点，也符合当地气候条件和黄棕壤的地带特点。在汉阳泛区为主的湖沼地带，仍保留着水生、湿生植物，以苔草、菱蒿、芦苇、莲、藻类等为代表的水生植被群落，显示了草甸土、沼泽土的水湿状况。

在喻家山、南望山、磨山一带出露的地层主要是：丘陵山体为中志留统坟头组（$S_3 f$）黄绿色石英杂砂岩、页岩，坟头组岩性大致分为两部分：下部为黄绿色、浅黄色中层状细粒石英砂岩夹薄层状黏土质粉砂岩，上部为黄绿色、灰绿色薄—中层状细粒石英杂砂岩、粉砂质黏土岩。上泥盆统（D_3）含砾石英砂岩，第四系地层有更新统王家店组红色网纹黏土含角砾黏土、黄色黏土、亚黏土、砂、砂砾。

参考有关岩石风化程度分类：

(1)高度风化：岩石已彻底崩解破碎，呈碎屑状，非常松散，水分、空气可畅通无阻，成土母质即为此状。

(2)中度风化：岩石大部分已丧失其原有形态特征，颗粒粗大而坚硬，肉眼可见原有的矿物成分或机械组成，岩体稍加锤击即破碎。

(3)轻度风化：岩体已开始改变原有形状特征，颜色变浅或加深，矿物成分或机械组成清晰可见，用锤击，使其碎裂颇感费力。

(4)新鲜岩石：看不出形态特征有何改变，矿物成分或机械组成非常清晰，锤击不易破裂。

观察记载不同地形、不同母质及不同植被条件下所形成的自然土壤的主要形态特征。

(1)土层厚度：由地表至母质或基岩的厚度，量后记下。

(2)颜色：根据自己的分辨能力，把颜色记下。

(3)质地(粗细)：用手摸、眼看，比较不同土壤的颗粒大小。

(4)腐殖质层的有无或厚薄：仔细观察各种土壤的最上部，看是否有一个暗灰色的土层。如有，量出它的厚度。

(5)酸碱度(pH 值)：用指示剂在野外滴测，比较不同土壤的酸碱度(pH 值)。

方法步骤：

观察南望山—磨山地形与土壤特征并对比描述自然土壤与农业土壤的比较。

思考:
(1) 概述本区所见的地形、岩石、成土母质、植被和土壤的种类和特点。
(2) 观察描述土壤剖面的分层特征。

2.2 土壤剖面的观察和记录

2.2.1 目的要求

土壤剖面是指土壤自上而下的垂直切面,是土壤内在特征的外在表现。在土壤形成的不同阶段具有不同的剖面,也就是说不同类型的土壤具有不同的剖面形态。因此,通过对土壤剖面的研究,可以了解成土因素对土壤形成过程的影响以及土壤内部性质在土壤外部形态上的反映,所以研究土壤剖面构造是研究土壤性质的重要方法之一。

土壤剖面形态的鉴别主要是根据土壤颜色、结构、质地、坚实度、孔隙、湿度、新生体、侵入体、动植物根穴等进行判断。

2.2.2 剖面点的选择和挖掘

土壤剖面点应选择有代表性的地点,不要选择在田埂边、山脚边、沟边、路边、粪坑边、坟墓堆边等地方。

土坑的大小一般要求深 1m、长 1m、宽 0.8m。观察面须向阳光,为了工作方便,观察面前方可挖成台阶状,使得上下方便,挖出的表土和心土分别放在坑的两旁,不要堆在观察面上部,以使填坑时不乱土层。人不要站在观察面上部,以保持原有状况。如图 2-2 所示。

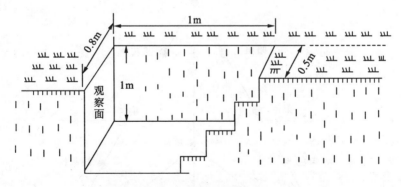

图 2-2 土壤剖面挖掘要求示意图

2.2.3 土壤剖面形态特征的观察和记载

2.2.3.1 剖面层次的划分

剖面挖好后,用小刀边挑边观察土壤剖面的自然状况,根据土壤的颜色、质地、结构、松紧度、干湿度、新生体、侵入体、根系分布等特征,分出土壤的发生层次,如耕作层、犁底层、心土层、底土层、母质层等。水稻土壤剖面的耕作层又称淹育层,犁底层又称渗育层,心土层又称斑纹层,底土层又称青泥层或潜育层。自然土壤剖面形态一般可以分为4层,即覆盖层(又称枯枝落叶层)、淋溶层、淀积层(下部产生还原性的灰泥层或称潜育层)、母质层(图2-3)。

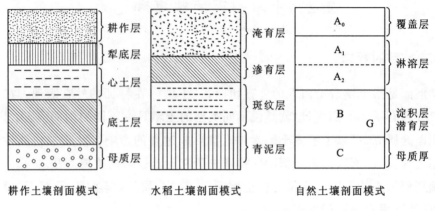

图2-3 各种土壤的剖面模式

2.2.3.2 观察记载项目

首先用钢卷尺量好各层的厚度,再逐次记载下列各项特征。

1) 颜色

土壤颜色变化很复杂,但以红、黑、白为基础,混合成不同的颜色。如图2-4所示。

黑色:主要是腐殖质,其次是煤及其他黑色矿物。

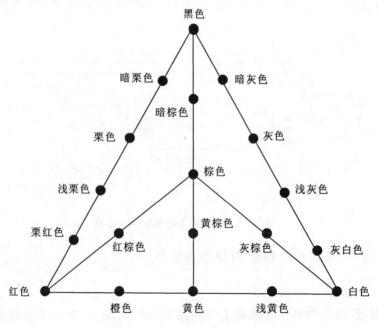

图2-4 土壤颜色变化示意图

红色：主要是氧化铁(Fe_2O_3)的颜色。

白色：主要是SiO_2及其他浅色矿物。

黄色：各种含水铁氧化物

在观察时，应注意主色和副色的区别，主色在后，副色在前。例如，红棕色，表示棕色为主，红色为副色。

2) 质地(机械组成)

在野外常用手测法来判断土壤质地，将土壤质地分为：

(1)砂土：湿时不能成团。

(2)砂壤土：湿时能搓成小圆球，但不能搓成土条。

(3)轻壤土：湿时能搓成土条，但易断裂。

(4)中壤土：湿时能搓成小条，不易断裂。

(5)黏土：湿时小土条弯曲成环，压扁也无裂痕。

3) 结构

在挖剖面时可见土体按一定方向散碎成大小形状不同的土块或土团，这叫做土壤结构，根据结构单位的形状和肥力的关系，大致可分以下几种类型。

(1)块状结构：指土粒胶结成不规则的土块，大的直径大于10cm，小的直径为5~10cm。块状结构在黏重而缺乏腐殖质的土壤中最容易生成，一般在底土层中较多，耕作不良的耕作层中也常见。块状结构多，是耕作质量差和土壤肥力低的一种表现。

(2)核状结构：比块状小，近似核桃形，外部圆而硬，并有较明显的棱角，一般以石灰质和氢氧化铁作胶结剂，黏重而缺乏有机质的底土中出现较多，核状结构多的土壤通气透水性不良，耕作不便。

(3)柱状结构：单粒胶结成柱状，常出现在半干旱地带含粉砂粒较多的底土层中，这种结构的土壤通气透水好，但易漏水、漏肥。

(4)棱柱状结构：与柱状结构相似、但有较明显的棱角及棱面，常出现在黏重的底土中。

(5)片状结构：形态扁平，由于水的沉积作用或某些机械压力所致，在冲积母质中常见大的片状结构。在地下水移动处，也有片状结构产生。在犁底层中常见许多鳞片结构。

(6)团粒状结构：指土壤形成近圆球形的土团，其粒径约在0.25~10mm之间，团粒结构多在耕作层中出现。肥沃土壤中数量较多。

4) 干湿度

土壤水分是植物生长必须的植物基础，也是土壤形成和发育过程的重要因素，同时也是自然界水循环的一个重要环节。根据土壤的水分含量，在野外可将土壤湿度分为4个等级。

(1)干：土壤放在手中不感到潮湿。

(2)湿润：土壤放在手中有明显的潮湿感。

(3)潮湿：土壤能搓成团，但无水流出。

(4)湿：用手挤压，土壤有水流出。

5) 松紧度

土壤的松紧度影响土壤的通气性、透水性和保水性，如土壤过紧过松，会影响水分和空气的储存。土壤松紧度指对进入土体中的工具有抵抗力，可用土刀插入土壤的情况来判断，一般有下列几种情况。

(1)极紧：用很大的力也不容易把土刀插入土体，或只能插入很浅。

(2)紧：用较大的力即可把土刀插入土体中1~2cm。

(3)较紧：稍用力即可把刀插入土体中1~2cm。

(4)疏松：土刀极易插入土体中。

6) 新生体

在土壤形成的过程中新产生的或聚集的物质称为新生体，它们具有一定的外形和界限，一般有铁锰结核、锈斑纹、胶膜斑纹、石灰结核等，按多至少描述。

7) 侵入体

位于土壤中，但不是土壤形成过程中聚集和产生的物质，如砖头、瓦片、铁器、瓷器、木炭、布屑、金属等，描写其有无、形状大小和具体名称。

8) 根系

观察植物根系生长的深浅、粗细和数量。

9) 其他

如动物穴、蚯蚓粪便、动植物残体，或肉眼可见的小动物等也要记载。

2.2.4 水稻土壤剖面的观察记载

任何一种自然土壤或熟化旱地土壤，一旦变为水田，在种植水稻的过程中，由于人为因素（耕作、施肥、灌水等）、自然因素（地形、母质、水文等）的综合作用，使耕作土壤产生层次分化，出现特有的剖面形态。

(1)耕作层：又叫淹育层(A)，经常受到农具耕耙扰乱，幼根密集，腐殖质含量较高，淹水时矿物质氧化和铁锰还原或淋失，颜色变浅或变灰，但稻根周围由于水稻通气组织输送的空气，使稻根附近的铁质氧化，而有黄色或棕色氧化铁的聚积，形成锈斑纹。一般耕作时间长，位于门前屋后的高产水稻土(乌泥田)耕作层较厚、疏松、颜色乌黑、结构良好。

(2)犁底层：又叫渗育层(B)，长期受农具填压、人畜践踏和静水压力的作用所形成，质地较黏、较紧实，主要起托水的作用。

(3)斑纹层：又叫潴育层(C)，受地下水升降或季节积水的影响，有大量的铁锰结核或锈斑等新生体，具棱块或棱柱状结构，结构体表面有多量胶膜，看起来花花斑斑。

(4)青泥层：又叫潜育层(G)，终年积水，长期处于嫌气状态，铁质还原，呈青灰色或灰蓝色,土粒分散,无结构,呈整体块状。

2.2.5 自然土壤剖面的观察记载

在成土因素的综合作用和影响下,随着成土过程的发生与发展,土壤层次发生深刻的变化,产生物质的移动,使上下土层不论在形态上或成分上都发生显著的差异,出现土壤发生层次,形成一定的剖面形态,自然土壤剖面形态一般可分为以下几层:

(1)覆盖层(A_0),又称枯枝落叶层,在木本植物群落下最为明显,这层的上部为尚未分解的疏松落叶层,或叫林木残落物层,其下部的有机残体已被分解,但原型仍然可见,并混有少量土粒。

(2)淋溶层(A),该层又可分为 A_1 和 A_2 两层。A_1 层富含腐殖质和矿物质养料,结合紧密,团粒结构良好,土色深;A_2 层为标准淋溶层,由于雨水的淋洗,土层中易溶性盐类和锰、铁、铝的水化物以及腐殖质溶胶都被淋洗,腐殖质及养分含量少,呈灰白色,粉砂质,无结构。

(3)淀积层(B),由 A 层下淋的物质淀积而成。A 层淋溶愈强烈,则淀积层越明显,高度发育时,此层较紧实,水分难以渗透,矿物质养分较丰富。在空气不流通的情况下,B 层的下部产生还原性灰蓝色的灰黏层,或称潜育层 G。

(4)母质层(C),位于淀积层下,是未受淋溶和淀积作用、发育程度很低或未发育的岩石风化层。

上述土壤剖面层次是指一般自然土壤剖面形态的共同特征,但并非所有土壤都具有上述剖面的层次。

在自然界中,由于土壤发育时间的长短不同或受冲刷侵蚀及沉积作用的影响,使层次变动很大。例如,图 2-5 第四系红土母质发育而成的红黏土,剖面层次的发育随冲刷状

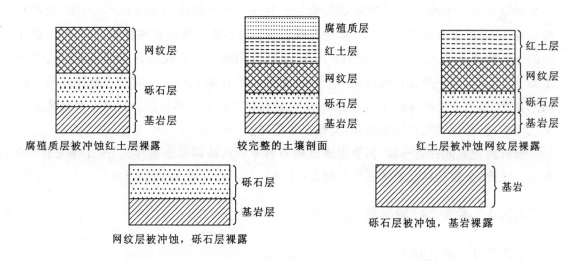

图 2-5 各土壤层剖面发育状况

况的不同而不同,冲刷较轻者,植被覆盖完好的地方,其土壤剖面发育完整。冲刷严重的,则植被稀疏,甚至无植被的地方,土壤剖面层次残缺不全。

土 壤 剖 面 记 载 表

点位:				地形:			剖面地形位置图			植被:		
点号:				高度(海拔及相对):						母质:		
调查日期:										侵蚀状况:		
天气状况:				坡向:						利用状况:		
剖面地点:				坡度:								
剖面图	层次深度	颜色	结构	松紧度	干湿度	质地	新生体	侵入体	pH	石灰反应	植物根系	其他	剖面基本特点

土壤的当地名称及野外定名:　　　　　　　　　　　调查人:

2.3 土壤样品的采集

2.3.1 概　述

土壤是一个不均一体,影响它的因素错综复杂。有自然因素包括地形(高度、坡度)、母质等,人为因素有耕作、施肥等,这些都说明了土壤不均一性的普遍存在,因而给土壤样品的采集带来了很大困难。采取1kg样品,再在其中取出几克或几百毫克且足以代表一定面积的土壤,似乎要比正确的化学分析还困难。实验室工作者只能对送来样品的分析结果负责,如果送来的样品不符合要求,那么任何精密仪器和熟练的分析技术都将毫无意义。因此,分析结果能否说明问题,关键在于采样。

分析测定只能针对样品,但要求通过样品的分析而达到以土壤样品论"土壤总体"的目的。因此,采集的样品对所研究的对象(总体),必须具有最大的代表性。

2.3.2 混合土样的采集

2.3.2.1 采样误差

土壤样品的代表性与采样误差的控制直接相关,采样时必须兼顾样品的可靠性和工作量。

称样误差主要决定于样品的混合均匀程度和样品的粗细。一个混合均匀的土样在称取过程中大小不同的土粒有分离现象。因为大小不同的土粒其化学成分不同,会给分析结果带来差异。称样的量愈少,则这种影响就愈大。一般常根据称样的多少来决定样品的细度。分析误差是由分析方法、试剂、仪器以及分析工作者的判断产生的。

2.3.2.2 采样时间

土壤中有效养分的含量随着季节的改变会有很大的变化。以速效磷、钾为例,最大的差异可达 1~2 倍。

土壤中有效养分含量随着季节而变化的原因比较复杂。无疑,土壤温度和水分是重要因素。由于受温度和水分的影响,表土比底土明显,因为表土冷热变化和干湿变化较大。温度和水分还有其间接影响,例如冬季土壤中有效磷、钾均增加,在一定程度上是由于温度降低、土壤中有机酸有所积累,由于有机酸能与铁、铝、钙等离子铬合,降低了这些阳离子的活性,增加了磷的活性,同时也有一部分非交换态钾转变成交换态钾。分析土壤养分供应时,一般都在晚秋或早春采集土样。总之,采集土样时要注意时间因素,在同一时间内采集的土样其分析结果才能相互比较。

2.3.2.3 混合样品采集的原则

混合样品是由很多点样品混合组成。它实际上相当于一个平均数,借以减少土壤差异。从理论上讲,每个混合样品的采样点愈多,即每个样品所包含的个体数愈多,则对该混合样品的代表性就愈大。在一般情况下,采样点的多少取决于采样的土地面积、土壤的差异程度和试验研究所要求的精密度等因素。研究的范围愈大,对象愈复杂,则采样点数必将增加。在理想情况下,应该使采样的点和量最少而样品的代表性又最大,使有限的人力和物力得到最高的工作效率。

2.3.2.4 混合土样的采集

以指导生产或进行田间试验为目的的土壤分析,一般都采集混合土样。采集土样时首先根据土壤类型以及土壤的差异情况,同时也要向农民作调查并征求意见,然后把土壤划分成若干个采样区,我们称它为采样单元。每一个采样单元的土壤要尽可能均匀一致。一个采样单元包括多大面积的土地,由于分析目的不同,具体要求也不同。每个采样单元再根据面积的大小,分成若干个小单元,每个小单元代表面积愈小,则样品的代表性就越可靠。但面积愈小,采样花的劳力就愈大,而且其分析工作量也愈大。那么一个混合样品代表多大面积比较可靠而经济呢?除不同土类必须分开采样外,一般可以从 $1/5 hm^2$ ($1 hm^2 = 10^4 m^2$) 到几公顷。原则上应使所采的土样能对所研究的问题在分析数据中得到应有的反应。

由于土壤的不均一性,使各个体都存在着一定程度的变异。因此,采集样品必须按照一定采样路线和"随机"多点混合的原则。每个采样单元的样点数,一般常人为地决定为

5～10点或10～20点,应视土壤差异和面积大小而定,但不宜少于5点。混合土样一般采集耕层土壤(0～15cm或0～20cm);有时为了了解各种土的肥力差异和自然肥力的变化趋势,可适当地采集底土(15～30cm或20～40cm)的混合样品。

采集混合样品的要求:

(1)每一点采集的土样厚度、深浅、宽窄应大体一致。

(2)各点都是随机决定的,在田间观察了解情况后,随机定点可以避免主观误差,提高样品的代表性,一般按"S"形线路采样,从图2-6中3种土壤采样点的方式可以看出,(a)和(b)两种情况容易产生系统误差。因为耕作、施肥等措施往往顺着一定的方向进行。

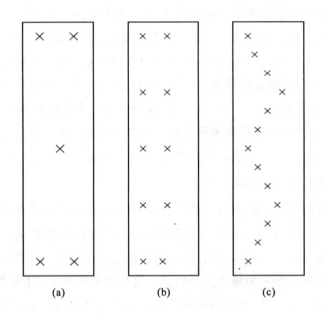

图2-6 土壤采样点的方式

×代表采样点;(a)、(b)不适当;(c)正确

(3)采样地点应避免田边、路边、沟边和特殊地形的部位以及堆过肥料的地方。

(4)一个混合样品是由均匀一致的许多点组成的,各点的差异不能太大,不然就要根据土壤差异情况分别采集几个混合土样,使分析结果更能说明问题。

(5)一个混合样品重1kg左右,如果重量超出很多,可以把各点采集的土壤放在一个木盆里或塑料布上用手捏碎摊平,用四分法对角取两份混合放在布袋或塑料袋里,其余可弃去;附上标签,用铅笔注明采样地点、采土深度、采样日期、采样人,标签一式两份,一份放在袋里,一份扣在袋上。与此同时要做好采样记录。

1) 试验田土样的采集

首先要求找一个肥力比较均匀的土壤,使试验中的各个"处理"尽可能地少受土壤不均一性的干扰。肥料试验的目的是要明确推广的范围,因此,我们必须知道试验是布置在什么性质的土壤上。在布置肥料试验时所采集的土壤样品,通常只采表土。试验田的取样不仅在于了解土壤的一般肥力情况,而且还希望了解土壤的肥力差异情况,这就要求采样单元的面积不能太大。

2) 大田土样的采样

在对农场、村和乡的土壤肥力进行诊断时,先要调查访问,了解村和乡的土壤、地形、作物生长、耕作施肥等情况,再拟订采样计划。就一个乡来讲,土壤类型、地形部位、作物布局等都可能有所不同,确定采样区(采样单元)后,采集混合土样。村土地面积较小,南方各地一般只有 $7\sim13hm^2$,土壤种类、地形等比较一致,群众常根据作物产量的高低,把自己的田块分成上、中、下 3 类,可以作为村、场采样的依据。

3) 水田土样的采集

在水稻生长期间地表淹水的情况下采集土样,要注意地面要平,只有这样采样深度才能一致,否则会因为土层深浅的不同而使表土速效养分含量产生差异。一般可用具有刻度的管形取土器采集土样。将管形取土器钻入一定深度的土层。取出土钻时,上层水即流走,剩下潮湿土壤,装入塑料袋中,多点取样,组成混合样品,其采样原则与混合样品的采集原则相同。

2.3.3 特殊土样的采集

2.3.3.1 剖面土样的采集

为了研究土壤的基本理化性状,除了研究表土外,还常研究表土以下的各层土壤。这种剖面土样的采集方法一般可在主要剖面观察和记载后进行。必须指出,土壤剖面按层次采样时,必须自下而上(这与剖面划分、观察和记载恰恰相反)分层采取,以免采取上层样品时对下层土壤的混杂污染。为了使样品能明显地反映各层次的特点,通常是在各层最典型的中部采取(表土层较薄,可自地面向下全层采样),这样可克服层次间的过渡现象,从而增加样品的典型性或代表性。样品重量也是 1kg 左右,其他要求与混合样品相同。

2.3.3.2 土壤盐分动态样品的采集

盐碱土中盐分的变化比土壤养分含量的变化还要大。土壤盐分分析不仅要了解土壤中盐分的多少,而且常要了解盐分的变化情况。盐分的差异性是有关盐碱土的重要资料。在这样的情况下,就不能采用混合样品。

盐碱土中盐分的变化在垂直方向上更为明显。由于淋洗作用和蒸发作用,土壤剖面中的盐分季节性变化很大,而且不同类型的盐土,盐分在剖面中的分布又不一样。例如,南方滨海的盐土,其底土含盐分较重,而内陆次生盐渍土,盐分一般都积聚在表层。根据盐分在土壤剖面中的变化规律,应分层采取土样。

分层采集土样,不必按发生层次采样,而是自地表起每隔 10cm 或 20cm 采集一个土样,取样方法多用"段取",即在该取样层内,自上而下整层地、均匀地取土,这样有利于储盐量的计算。研究盐分在土壤剖面中分布的特点时,则多用"点取",即在该取样层的中部位置取土。根据盐土取样的特点,应特别重视采样的时间和深度。因为盐分上下移动受不同时间的淋溶与蒸发作用的影响很大。虽然土壤养分分析的采样也要考虑采样季节和时间,但其影响远不如对盐碱土的影响那样大。鉴于盐碱土碱斑分布的特殊性,必须增加样点的密度和样点的随机分布,或估计出这种碱斑占整块田地面积的百分比,按比例分配斑块上应取的样点数,组成混合样品;也可以将这种斑块另外组成一个混合样品,用作与正常地段土壤的比较。

2.3.3.3 养分动态土样的采集

为了研究土壤养分的动态而进行土壤采样时,可根据研究的要求进行布点采样。例如,为了研究过磷酸钙在某种土壤中的移动性,前述土壤混合样品的采法显然是不合适的。如果过磷酸钙是以条状集中施肥,为了研究其水平移动的距离,则应以施肥沟为中心,在沟的一侧或左右两侧按水平方向每隔一定距离将同一深度所取的相应位置的土样进行多点混合。同样,在研究其垂直的移动时,应以施肥为起点,向下每隔一定距离作为样点,以相同深度的土样组成混合土样。

2.3.4 其他特殊样品的采集

群众常送来有问题的植株和土壤,要求我们分析和诊断。这些问题大致是某些营养元素不足(包括微量元素),或酸碱问题,或某种有毒物质的存在,或土中水分过多,或底土层有坚硬不透水层的存在等。为了查证作物生长不正常的土壤原因,就要采集典型样品。在采集典型土壤样品时,应同时采集正常的土壤样品。植株样品也是如此。这样可以比较,以利于诊断。在这种情况下,不仅要采集表土样品,而且也要采集底土样品。

测定土壤微量元素的土样采集,采样工具要用不锈钢土钻、土刀、塑料袋或布袋等,忌用报纸包土样,小心污染。

2.3.5 采集土壤样品的工具

采样方法随采样工具的不同而不同。常用的采样工具有3种类型:小土铲、管形土钻和普通土钻。

2.3.5.1 小土铲

在切割的土面上根据采土深度用土铲采取上下一致的一薄片。这种土铲在任何情况下都可使用,但比较费工;多点混合采样往往嫌它费工而不用。

2.3.5.2 管形土钻

下部系一圆柱形开口钢管,上部系柄架,根据工作需要可用不同的管径土钻。将土钻钻入土中,在一定的土层深度处,取出一均匀土柱。管形土钻取土速度快,又少混杂,特别适用于大面积多点混合样品的采集。但它不太适用于砂质含量高的土壤或干硬的黏重土壤。

2.3.5.3 普通土钻

普通土钻使用起来比较方便,但它一般只适用于湿润的土壤,不适用于很干的土壤,同样也不适用于砂土。普通土钻的缺点是容易使土壤混杂。

用普通土钻采取的土样,分析结果往往比其他工具采取的土样要低,特别是有机质、有效养分等的分析结果较为明显。这是因为用普通土钻取样,容易损失一部分表层土样。由于表层土较干,容易掉落,而表层土的有机养分、有机质的含量又较高。

不同取土工具带来的差异主要是由于上下土体不一致造成的。这也说明采样时应注意采土深度,上下土体应保持一致。

2.4 土壤样品的制备

从野外取回的土样,经登记编号后,都需经过一个制备过程——风干、磨细、过筛混匀、装瓶,以备各项测定之用。

2.4.1 样品的制备目的

(1)剔除土壤以外的侵入体(如植物残茬、昆虫、石块等)和新生体(如铁锰结核和石灰结核等),以除去非土壤的组成部分。

(2)适当磨细,充分混匀,使分析时所称取的少量样品具有较高的代表性,以减少称样误差。

(3)全量分析项目,样品需要磨细,以使分解样品的反应能够完全和彻底。

(4)使样品可以长期保存,不致因微生物活动而霉坏。

2.4.1.1 新鲜样品和风干样品

为了样品的保存和工作的方便,从野外采回的土样都先进行风干。但由于在风干的过程中,有些成分如低价铁、铵态氮、硝态氮等会起很大的变化,这些成分的分析一般均用新鲜样品。在实验室测定土壤速效磷、钾时,以风干土为宜。

2.4.1.2 样品的风干、制备和保存

1) 风干

将采回的土样放在木盘中或塑料布上,摊成薄薄的一层,置于室内通风阴干。在土样半干时,须将大土块捏碎(尤其是黏性土壤),以免完全干后结成硬块,难以磨细。风干场所力求干燥通风,并要防止酸蒸气、氨气和灰尘的污染。

样品风干后,应拣去动植物残体如根、茎、叶、虫体等和石块、结核(石灰、铁、锰)。如果石子过多,应当将拣出的石子称重,记下所占的百分比。

2) 粉碎过筛

风干后的土样,倒入钢玻璃底的木盘上,用木棍研细,使之全部通过2mm孔径的筛

子。充分混匀后用四分法分成两份(图2-7)。一份作为物理分析用,另一份作为化学分析用。作为化学分析用的土样还必须进一步研细,使之全部通过1mm或0.5mm孔径的筛子。土壤pH、交换性能、速效养分等测定,样品不能研磨得太细,因为研磨得过细容易破坏土壤矿物晶粒,使分析结果偏高。同时要注意,土壤研细主要使团粒或结粒破碎,这些结粒是由土壤黏土矿物或腐殖质胶结起来的,而不能破坏单个的矿物晶粒。因此,研碎土样时,只能用木棍滚压,不能用榔头锤打。因为晶粒破坏后,暴露出新的表面,增加有效养分及微量元素的溶解。

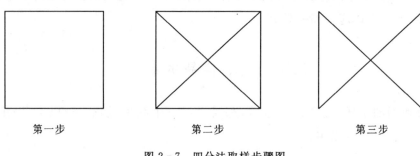

图2-7 四分法取样步骤图

全量分析的样品包括Si、Fe、Al、有机质、全氮等的测定,则不受磨碎的影响。为了减少称样误差和防止样品分解,需要将样品磨得更细。方法是取部分已混匀的1mm或0.5mm的样品铺开,划成许多小方格,用骨匙多点取出土壤样品约20g,磨细,使之全部通过100目筛子。测定Si、Fe、Al的土壤样品需要用玛瑙研钵研细,瓷研钵会影响Si的测定结果。

在土壤分析工作中所用的筛子有两种:一种以筛孔直径的大小表示,如孔径为2mm、1mm、0.5mm等;另一种以每英寸长度上的孔数表示。如每英寸长度上有40孔,为40目筛子,每英寸有100孔为100目筛子。孔数愈多,孔径愈小。筛目与孔径之间的关系可用下列简式表示:

$$筛孔直径(mm) = \frac{16}{1英寸孔数}$$

1英寸=25.4mm,16mm=25.4~9.4mm(网线宽度)

3) 保存

一般样品用磨口塞的广口瓶或塑料瓶保存半年至一年,以备必要时查核之用。样品瓶上的标签须注明样号、采样地点、土类名称、试验区号、深度、采样日期、筛孔等项目。

标准样品是用以核对分析人员各次成批样品的分析结果,特别是各个实验室协作进行分析方法的研究和改进时需要有标准样品。标准样品需长期保存,不使混杂,样品瓶贴上标签后,应以石蜡涂封,以保证不变。每份标准样品应附各项分析结果的记录。

2.4.2 土样的数量

一般1kg左右的土样即够化学物理分析之用,采集的土样如果太多,可用四分法淘汰。四分法的方法是:将采集的土样弄碎,除去石砾和根、叶、虫体,并充分混匀铺成正方形,划对角线分成 4 份,淘汰对角两份,再把留下的部分合在一起,即为平均土样,如果所得土样仍嫌太多,可再用四分法处理,直到留下的土样达到所需数量(1kg),将保留的平均土样装入干净布袋或塑料袋内,并附上标签。

2.5 土壤质地的野外分析

2.5.1 实验目的和意义

土壤质地是指土壤中各粒级土粒的配比或各粒级土粒在土壤总重量中所占的百分数,又称为土壤机械组成。

根据我国土壤质地分类标准,把土壤划分为砂土、壤土和黏土三大类。了解土壤质地状况,根据土壤类型选择合适的作物进行种植,并能根据土壤的质地状况对土壤进行改良,从而指导农业生产。

2.5.2 野外速测法

2.5.2.1 干试法

砂土:在手掌中研磨时有砂粒的感觉,放到手上会从指缝间自动流下,用手指碾时散碎;用肉眼观察几乎完全由砂粒组成;土壤干燥时土粒分散,不成团。

砂壤土:在手掌中研磨时主要是砂的感觉,也有细土粒的感觉,用手指能碾成不完整的小片;用肉眼观察主要是砂粒,也有较细土粒;土壤干燥时土块用手指轻压则易碎。

轻壤土:在手掌中研磨时有相当量的黏质粒,用手指能碾成小片,但表面较为粗糙;用肉眼观察主要是砂粒,有 20%~30% 的黏土粒;干燥时手指需用较大的力才能将土块破坏。

中壤土:在手掌中研磨时感觉砂质和黏质的比例大致相同,用手指碾成的小片光滑但不光亮;用肉眼观察还可看到砂粒;干燥时土壤结成块且用手指难于将土块破坏。

重壤土:在手掌中研磨时感觉有少量的砂粒,用肉眼观察几乎看不到砂粒,干燥时用手指不可能将土块弄碎。

黏土:在手掌中研磨时感觉主要是黏粒,是很细的匀质土,用肉眼观察为匀质的细粉末,干燥时形成坚硬的土块,用锤击仍不能使其粉碎。

2.5.2.2 湿试法

取小块土壤样品(比算盘珠略大些),用手指捏碎,拣去土壤样品内的细砾、新生体和侵入体等,加入适量水(土壤加水充分湿润以挤不出水为宜,手感为似粘手又不粘手),调匀,放在手掌心用手指来回揉搓,按搓成球—成条—成环的顺序进行,最后将环压扁成土片,观察各个环节状况从而加以综合判断。

砂土:不能搓成条、团或球状、片状。
砂壤土:可搓成球但不可搓成条,勉强搓成条也极易裂成小片段。
轻壤土:可搓成条,但提起时易断。
中壤土:可搓成球、条,将细条弯成环状时有裂痕,压扁时断裂。
重壤土:可搓成球、条,将细条弯成环状时无裂痕,压扁时有大裂痕。
黏土:可搓成球、条,将细条弯成环状时无裂痕,压扁时也无裂痕。

2.6 土壤水分的测定

测定土壤水分是为了了解土壤水分状况,以作为土壤水分管理,如确定灌溉定额的依据。在分析工作中,由于分析结果一般是以烘干土为基础表示,也需要测定湿土或风干土的水分含量,以便进行分析结果的换算。

2.6.1 仪器和试剂

(1)仪器:烘箱,分析天平,角匙,铝盒,干燥器,蒸发皿,镊子,玻棒,10mL量筒。
(2)试剂:乙醇。

2.6.2 测定方法

土壤水分的测定方法很多,实验室一般采用烘干法。野外则可采用简易酒精燃烧法。

2.6.2.1 烘干法

1) 原理

将土样置于(105±2)℃的烘箱中烘至恒重,即可使其所含水分(包括吸湿水)全部蒸发殆尽以此求算土壤水分含量。在此温度下,有机质一般不会因大量分解损失而影响测定结果。

2) 操作步骤

(1)取干燥铝盒称重为 W_1(g)。
(2)加土样约 5g 于铝盒中称重为 W_2(g)。
(3)将铝盒放入烘箱,在 105~110℃下烘烤 8h 称重为 W_3g。一般可达恒重,取出放入干燥器内,冷却 20min 可称重。必要时,如前法再烘 1h,取出冷却后称重,两次称重之差不得超过 0.05g,取最低一次计算。

注:质地较轻的土壤,烘烤时间可以缩短,即 5~6h。

3) 结果计算

$$土壤水分含量(\%) = \frac{W_2 - W_3}{W_3 - W_1} \times 100$$

$$水分换算系数 = \frac{W_3 - W_1}{W_2 - W_1}$$

2.6.2.2 酒精燃烧法

1) 原理

酒精可与水分互溶,并在燃烧时使水分蒸发。土壤烧后损失的重量即为土壤含水量(有机质大于5%时不宜用此法)。

2) 操作步骤

(1) 取铝盒称重为 $W_1(g)$。

(2) 取湿土约10g(尽量避免混入根系和石砾等杂物)与铝盒一起称重为 $W_2(g)$。

(3) 加酒精于铝盒中,至土面全部浸没即可,稍加振摇,使土样与酒精混合,点燃酒精,待燃烧将尽,用小玻璃棒来回拨动土样,助其燃烧(但过早拨动土样会造成土样毛孔闭塞,降低水分蒸发速度),熄火后再加酒精 3mL 燃烧,如此进行 2~3 次,直至土样烧干为止。

(4) 冷却后称重为 $W_3(g)$。

3) 结果计算同前烘干法

土壤分析一般以烘干土计重,但分析时又以湿土或风干土称重,故需进行换算,计算公式为:应称取的湿土或风干土样重=所需烘干土样重×(1+水分%)。

第3章 土壤理化性质分析

3.1 土壤容重、比重测定实验,土壤孔隙度测定

3.1.1 实验:土壤容重的测定

土壤容重(又称为假比重)是用来表示单位原状土壤固体的质量,是衡量土壤松紧状况的指标。容重大小是土壤质地、结构、孔隙等物理性状的综合反映,因此,容重与土壤松紧度及孔隙度有表 3-1 所示的关系。

表 3-1 土壤容重与孔隙度的关系

松紧度	容重(g/cm³)	孔隙度(%)
最松	<1.00	>60
松	1.00~1.14	60~56
合适	1.14~1.25	56~52
稍紧	1.26~1.30	52~50
紧	>1.30	<50

严格地讲,土壤容重应称干容重,土工上也称干么重,其含意是干基物质的质量与总容积之比:

$$\rho_b = \frac{m_s}{V_t} = \frac{m_s}{V_s + V_w + V_a}$$

总容积 V_t 包括基质和孔隙的容积,大于 V_s,因而 ρ_b 必然小于 ρ_s。若土壤孔隙 V_p 占土壤总容量 V_t 的一半,则 ρ_b 为 ρ_s 的一半,约为 1.30~1.35g/cm³。压实的砂土 ρ_b 可高达 1.60g/cm³,不过即使最紧实土壤的 ρ_b 也显著低于 ρ_s,因为土粒不可能将全部孔隙堵实,土壤基质仍保持多孔体的特征。松散的土壤,如有团粒结构的土壤或耕翻耙碎的表土,ρ_b 可低至 1.10~1.00g/cm³。泥炭土和膨胀的黏土,其 ρ_b 也低。所以 ρ_b 可以作为表示土壤松紧程度的一项尺度。

3.1.1.1 方法选择

测定的土壤容重通常用环刀法。此外,还有蜡封法、水银排出法、填砂法和射线法(双放射源)等。蜡封法和水银排出法主要测定一些呈不规则形状的坚硬和易碎土壤的容重。填砂法比较复杂费时,除非是石质土壤,一般大量测定都不采用此法。射线法需要特殊仪器和防护设施,不易广泛使用。

3.1.1.2 环刀法测定原理

用一定容积的环刀(一般为 100cm³)切割未扰动的自然状态土壤,使土壤充满其中,烘干后称量计算单位容积的烘干土重量。本法适用于一般土壤,对坚硬和易碎的土壤不适用。

3.1.1.3 仪器

环刀(容积为 100 cm³)。天平,烘箱,环刀托(图 3-1),削土刀,钢丝锯,干燥器。

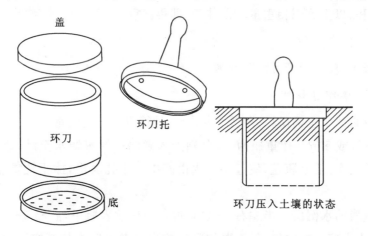

图 3-1 环刀及环刀托示意图

3.1.1.4 操作步骤

在田间选择挖掘土壤剖面的位置,按使用要求挖掘土壤剖面。一般如只测定耕层土壤容重,则不必挖土壤剖面。用修土刀修平土壤剖面,并记录剖面的形态特征,按剖面层次分层取样,耕层 4 个,下面层次每层重复 3 个。将环刀托放在已知重量的环刀上,环刀内壁稍擦上凡士林,将环刀刃口向下垂直压入土中,直至环刀筒中充满土样为止。用修土刀切开环周围的土样,取出已充满土的环刀,细心削平环刀两端多余的土,并擦净环刀外面的土。同时在同层取样处,用铝盒采样,测定土壤含水量。把装有土样的环刀两端立即加盖,以免水分蒸发。随即称重(精确到 0.01g)并记录。将装有土样的铝盒烘干称重(精确到 0.01g),测定土壤含水量,或者直接从环刀筒中取出土样测定土壤含水量。

3.1.1.5 结果计算

$$\rho_b = \frac{m}{V(1+\theta_m)}$$

式中：ρ_b 为土壤容重；m 为环刀内湿样质量（g）；V 为环刀容积（cm³），一般为 100cm³；θ_m 为样品含水量（质量含水量）（%）。

3.1.1.6 测定误差

允许平行绝对误差小于 0.03g，取算术平均值。

3.1.2 实验：土壤密度（比重）的测定

3.1.2.1 测定目的

土壤比重（又称为真比重 ρ_s），是指单位容积土壤固体物质的重量（不包括土壤空气和水分）与同容积水的质量之比。它是计算孔隙度的基础。

3.1.2.2 测定方法及原理

称重法：将已知重量的土壤放入液体中，完全除去空气部分后，求出由土壤固相换算出的液体的体积，以土壤固相重量除以体积，即得比重。

3.1.2.3 仪器工具

比重瓶，天平，皮头滴管，烧杯，热源。

3.1.2.4 操作过程

(1) 称取等量风干土两份（一般为 5~10g），计算成无水土壤重。

(2) 取 25mL 或 50mL 比重瓶两个，分别加入煮沸过的蒸馏水至满，放入水槽冷却至室温，再加满除气水，盖上瓶盖，使过多的水由塞中心小孔溢出，擦干比重瓶外面的水，称重。

(3) 把比重瓶的水倒出一半左右，将已称好的土样放入瓶中，煮沸 5~7min（不加盖），不断摇动以除去土壤中的空气，但不要使悬液流出。煮沸后冷却至室温，加满除气水，盖好盖称重。

3.1.2.5 结果计算

$$\rho_s = \frac{d_w(w_s - w_a)}{(w_s - w_a)(w_{sw} - w_w)}$$

式中：ρ_s 为真比重；d_w 为该温度水下的比重；w_s 为装入土壤比重瓶的重量；w_a 为比重瓶的重量；w_{sw} 为装入土壤和水的比重瓶的重量；w_w 为装入水的比重瓶重量。

3.1.3 实验：土壤孔隙度的测定（计算法）

土壤孔隙度也称孔度，指单价单位容积土壤中孔隙容积所占的分数或百分数，可用下式计算：

$$f = \frac{V_t - V_s}{V_t} = \frac{V_p}{V_t}$$

表 3-7 土壤密度(比重)的测定记录表

重复	I	II
①无水土样的重量		
②加满水的比重瓶重		
③上两项之和①+②		
④盛土及水的比重瓶重		
⑤与土壤同体积水重③-④		
⑥土壤比重=①/⑤		
比重平均值		

大体上,粗质地土壤的孔隙度较低,但粗孔隙较多,细质地土壤的正好相反。团聚较好的土壤和松散的土壤(容重较低)的孔隙度较高,前者粗细孔的比例适合作物的生长。土粒分散和紧实的土壤,其孔隙度较低且细孔隙较多。

土壤孔隙度一般都不直接测定,而是由土粒密度和容重计算求得。由上式,可得

$$f = \frac{V_p}{V_t} = 1 - \frac{\rho_b}{\rho_s}$$

判断土壤孔隙状况优劣,最重要的是看土壤的孔径分布,即大小孔隙的搭配情况,土壤的孔径分布在土壤水分保持和运动以及土壤对植物的供水研究中有非常重要的意义。

3.2 土壤水势测定

3.2.1 概述

像自然界其他物质一样,土壤水分也具有不同形式的不同量级的能量。经典热处理学将自然界的能分为动能和势能。动能由物体运动的速度和质量所决定。由于土壤水也遵循这一普遍规律,若把土壤和其中的水当作一个系统来考虑,当土-水系统保持在恒温、恒压以及溶液浓度和力场不变的情况下,系统和环境之间没有能量交换,该系统称为平衡系统。由于水在流动过程中要做功,所以对每个平衡系统来说,不是消耗了能量,就是获得了能量,一个平衡的土-水系统所具有能够做功的能量即为该系统的土壤水势能。当两个具有不同能量水平的土-水平衡系统接触时,水就从具有较高势能水平的系统流到具有较低能量水平的系统,直到两个系统的土水势值相等,于是水的流动也就停止了。

显然,在分析土壤水的保持和运动时,重要的不是在于某一系统本身的能量水平,而在于两个平衡系统之间的土水势之差。因此,可任意规定一个土-水平衡系统为基准系统,其土水势为零,国际土壤学会选定的基准系统是:假设一纯水池,在标准大气压下,其温度与土壤水温度相同,并处在任意不变的高度。由于假设水池所处高度是任意的,因此,土壤中任意一点的土水势与标准状态相比并不是绝对的。

虽然如此,但在同一标准状态下,土壤中任意两点的土水势之差值是可以确定的。

3.2.2 测定原理

土水势包括有若干分势,除盐碱土外,影响土壤水运动的分势主要是重力势和基质势。

重力势是地球重力对土壤水作用的结果,其大小由土壤水在重力场中相对于基准面的位置决定,基准面的位置可任意选定。

基质势是由于土壤基质孔隙对水的毛细管力和基质颗粒对水的吸附力共同作用而产生的。取基准面纯水自由水面的土水势为0,则基质势为小于0的负值。

常用的土水势的单位有单位重量土壤水的势能和单位容积土壤水的势能。单位重量土壤水的势能的量纲为长度单位,即 cm、m 等。单位容积土壤水的势能的量纲为压强单位,即 Pa(帕),习惯上常用的还有 bar(巴)或大气压为单位的。

基质势通常用张力计测定。张力计有各种形式,但其基本构造相同,都是陶瓷杯(又称瓷头)、连结管、储气管和压力计4部分组成。

测定时,事先在张力计内部充满无气水(将水煮沸排除溶解于水中的气体,然后将煮沸的水与大气隔绝降至气温,即为无气水),使瓷头饱和,并与大气隔绝。将张力计埋设在土壤中,瓷头要与土壤紧密接触。当土壤处于非饱和水状态时,土壤通过瓷头从张力计中"吸取"少量水分;当与张力计瓷头接触土壤的土水势与张力计瓷头处的水势相等时,由张力计向土壤中的水运动停止,这时记录压力计读数并计算出土壤的基质势。

3.2.3 仪器及设备

张力计,可在市场上购得各种形式的张力计;张力计土钻,根据张力计埋设的深度定做或加工。注意:土钻钻头的直径要与张力计瓷头的直径相同。

3.2.4 埋设及测定

根据测定的深度,用张力计钻在测定地点钻孔,将埋设深度处的土壤和成泥浆,注入钻孔中,将张力计埋入钻孔中,保证瓷头与土壤紧密接触。在张力计注入无气水并密封24h后,便可读数测定。为了少受气温的影响,最好在上午固定时间测定。测定时注意将张力计管内的气泡排到储气管中,方法是用手指轻轻不断弹张力计连结管。测定数次后,张力计须重新注水。

张力计的测定范围在$-800 \sim 0$cm，这主要是由于在田间温度下（如30℃上下），张力计内水分在低压下（-800cm 以下）会发生大量汽化（达沸点），张力计工作状态被破坏。因此，张力计一般只能测到-800cm（Jury，1991）。

3.2.5 计　算

张力计的测定读数实际上指示的是负压表或水银柱计压力计的负压值，因此，必须将这一个值换算成瓷头处（以瓷头中点为计算点）的值。土壤基质势的计算：

$$\psi_m = -13.6 h_{Hg} + (h - h_1)$$

式中：ψ_m 为土壤基质势（cm）；h_{Hg} 为水银上升高度（cm）；h、h_1 为水柱高度（cm）。

3.2.6 测定允许差

用张力计测定土壤基质势的精度一般由张力计所用压力读报最小读数决定。负压表的测定精度较粗，水银柱压力计的读数可精确到1mm汞柱，但由于肉眼的读数误差，常常达不到这个精度。

3.3 土壤比表面的测定

3.3.1 实验目的

土壤比表面积指单位重量土壤或土壤胶体的表面积，它是土壤胶体的重要特性之一。测定土壤比表面积的方法较多。本实验要求了解用吸附法测定比表面积的原理，掌握乙二醇乙醚法测定土壤比表面积的技术。

3.3.2 实验原理

在维持一定的乙二醇乙醚（简称EGME）蒸气压下，使EGME分子成单分子层吸附在土壤胶体颗粒表面，按吸附的重量和分子大小计算出表面积，换算因素是每平方米表面需乙二醇乙醚 2.86×10^{-4}g。

3.3.3 仪器与试剂

1）试剂

(1)乙二醇乙醚。

(2)无水氯化钙。

(3)五氧化二磷。

2）仪器

(1)真空泵：抽气压减低至0.25mm汞柱。

(2)真空干燥器:瓷板直径为20~25cm。

(3)铝盒:直径不小于5.0cm,高度不大于2cm。

(4)万分之一数字显示分析天平。

(5)小型干燥器:瓷板直径为13~15cm。

(6)恒温室:温度波动在±2℃以内。

(7)真空表。

(8)小滴管。

3)仪器装置

真空仪器装置如图3-2所示,各部件的连接处应密封,以免漏气,确保真空干燥器内的真空度。

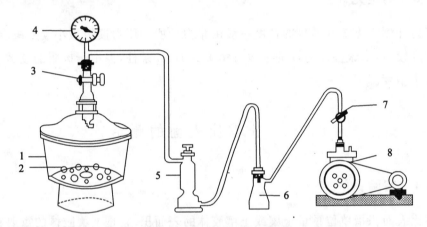

图3-2 真空仪器装置示意图

1.真空干燥器;2.铝盒;3.二路活塞;4.真空表;5.CaCl₂干燥塔;6.缓冲瓶;7.三路活塞;8.真空泵

3.3.4 实验步骤

(1)称取钙饱和土壤样品0.5~1.0g(土壤胶体为0.5g),置于已知重量的铝盒中,将样品平铺盒底。

(2)放入盛有五氧化二磷的真空干燥器内,用真空泵抽气约0.5h。关闭干燥器活塞,放置约6h后,通过$CaCl_2$干燥塔缓慢充气,取出铝盒,称重。如此反复操作直至连续3次称重相差0.5mg,计算样品干重。

(3)用小滴管将3mL的EGME液体均匀滴加到样品上,放置24h。

(4)移入另一盛有无水氯化钙的干燥器中(瓷板上放置盛有$CaCl_2$—EGME溶剂化物小铝盒)。用真空泵抽气至真空(溶剂化合物开始冒泡)。关闭干燥活塞,放在(25±2)℃的恒温室使EGME蒸发。24h后再抽气至真空,放置6h,通过$CaCl_2$干燥塔缓慢充气。取出铝盒,称重。如此反复操作直至恒重,计算吸附的EGME量。

$$\text{比表面积}(m^2/g) = \frac{w_2 - w_1}{2.86 \times 10^{-4} \times (w_1 - w_0)}$$

式中：w_2 为铝盒+干样+吸附的乙二醇乙醚重量(g)；w_1 为铝盒+干样重量(g)；w_0 为铝盒重量(g)；2.86×10^{-4} 为换算因数。

3.3.5 注意事项

(1)样品磨得不宜过粗或过细，以过 60 目筛为宜。
(2)阳离子对表面积测定有一定影响，用钙饱和有利于相互比较。
(3)乙二醇乙醚的蒸发速度与铝盒直径和高度有关，应按规格选用。
(4)称重时动作要迅速，应先将天平调整好后，从真空干燥器内取出铝盒，放在小型干燥器中(每个干燥器中放两个铝盒)。按序称重，操作中应戴手套。
(5)五氧化二磷为强吸水剂，操作时应尽量迅速，以免吸水，并勿沾于手上，以免烧伤皮肤。
(6)本法对含蛭石较多的土壤不太适用。

3.3.6 思考题

(1)为什么样品以过 60 目筛为宜？
(2)为什么在样品干燥过程中，干燥器中要放不同的干燥剂？
(3)分析影响土壤比表面积的因素。

3.4 土壤电荷量测定(Mehlich 法)

3.4.1 实验目的

掌握土壤电荷量测定的原理和方法，加深对土壤电荷可变性的认识。

3.4.2 实验原理

大多数土壤既带永久负电荷，又带可变负电荷和可变正电荷。Mehlich 认为，土壤在酸性介质中吸附的交换性氢可代表土壤永久负电荷量(即土壤被 HCl 淋洗后再用 $BaCl_2$ 淋洗所能吸附的 Ba^{2+} 量)，土壤在 pH 为 8.2 的缓冲溶液中吸附的 Ba^{2+} 量代表永久负电荷量(CEC_p)和大部分可变负电荷量(CEC_v)，而将土壤样品处理成钙质土后所能吸附的磷酸盐的量代表土壤的阴离子交换量(AEC)。

3.4.3 仪器和试剂

1) 仪器

721 分光光度计，振荡机，离心机等。

2) 试剂

(1) 氯化钡-三乙醇胺（$BaCl_2$ - TEA）：取 90mL 三乙醇胺，用水稀释至 1 000mL，用 1mol/L 的 HCl 将 pH 值调到 8.2（约需 280mL），加水至 2 000mL。配制每升含 $BaCl_2 \cdot 2H_2O$ 为 50g 的 $BaCl_2$ 溶液，将 $BaCl_2$ 溶液与 TEA 溶液等体积混合。

(2) 0.3mol/L $BaCl_2$ 溶液：称 $BaCl_2 \cdot 2H_2O$ 75g，溶于 1 000mL 水中。

(3) 0.3mol/L $CaCl_2$ 溶液：称 45g $CaCl_2 \cdot 2H_2O$ 溶于 1 000mL 水中。

(4) 0.005 mol/L 磷酸二氢钙溶液：称取 1.26g $Ca(H_2PO_4)_2 \cdot H_2O$ 溶于 1 000mL 水中。

(5) 钒酸铵-钼酸铵溶液：称 1.25g 钒酸铵于 500mL 容量瓶中，加 300mL 水和 170mL 浓硝酸，混合使其溶解，冷却后定容。另称 25g 钼酸铵溶于水，再加水至 500mL，使用前将两种溶液等体积混合，储于棕色瓶中备用。

(6) 铬酸钾比色标准液的制备：称取分析纯铬酸钾 0.97lg，溶于 500mL 的 1mol/L HCl 中，此时浓度为 0.01mol/L。分别吸取 10mL、8mL、6mL、4mL、2mL 铬酸钾溶液，再用 1mol/L 的 HCl 补足至 10mL。以 HCl 为零，在分光光度计上测定 423nm 时的光密度，并绘出标准曲线。

(7) 磷酸比色标准液的制备：吸取 0.005 1mol/L 的磷酸二氢钙溶液 50mL，置于 250mL 容量瓶中，用蒸馏水定容。分别吸取该溶液 0mL、1mL、2mL、4mL、6mL 于 10mL 容量瓶中，依次加蒸馏水 8mL、7mL、6mL、4mL、2mL，然后再加入钒酸铵-钼酸铵溶液 2mL，混匀，静置 20min 后测其光密度，并绘成标准曲线。

3.4.4 实验步骤

1) pH 值＝8.2 负电荷量（$CEC_{8.2}$）和永久负电荷量（CEC_p）的测定

称一定量过 1mm 筛的风干土样 6 份，分别置于预先放有定量滤纸的漏斗中，铺平，用蒸馏水充分润湿，盖上一层滤纸。其中 3 份用 pH＝8.2 的 $BaCl_2$ - TEA（三乙醇酸）缓冲液淋洗 4 次，每次用量为 10mL；另 3 份用 0.05mol/L HCl 淋洗 5 次，每次用量为 10mL。6 份样均再用 0.3mol/L $BaCl_2$ 淋洗 5 次，每次用量为 10mL，并再用蒸馏水淋洗 6 次，每次为 10mL（最后检验淋洗液中无 Cl^- 离子为止）。以洗去土壤中多余的 Ba^{2+} 离子，弃去淋出液。然后用 50mL 0.3mol/L $CaCl_2$ 溶液分 5 次淋洗和 40mL 蒸馏水分 3 次淋洗，淋洗液收集于 100mL 容量瓶，蒸馏水定容，同时做空白实验。

2) Ba^{2+} 离子的测定

吸 10mL 淋洗液于 50mL 离心管中，加 1mL 浓度为 10% 的 K_2CrO_4 溶液，混匀。在 70~80℃ 的水浴中加热 20min，使其生成沉淀，冷却至室温。在 4 000r/min 的离心机上离心 10min，倾去清液并用蒸馏水冲洗离心管口，用滤纸吸干管内壁上残留的溶液。加 10mL 蒸馏水并搅拌沉淀，用蒸馏水洗净玻璃棒、冲净管内壁，按前法离心，弃去清液。在 70~80℃ 烘箱中将管中沉淀烘干。用 10.0mL 浓度为 1mol/L HCl 溶解沉淀（沉淀少的可只用 5.0mL HCl),摇匀,在分光光度计上测定 423nm 波长的光密度。根据 Ba^{2+} 离子的浓度计算 $CEC_{8.2}$ 和 CEC_p 时的可变负电荷量 $CEC_v = CEC_{8.2} - CEC_p$。

3) 阴离子交换量(AEC)的测定

将测过 CEC_p 的 Ca^{2+} 饱和土壤于 45℃下烘干,磨碎混匀。称取 2.5g 样两份,分别置于 50mL 离心管中(另称 5g 测吸湿水)。加 0.005mol/L 磷酸二氢钙 20mL,塞紧管口,振荡 1h,静置过夜。再振荡 1h,离心。准确吸取离心清液 5mL 于 25mL 容量瓶中。加 15mL 蒸馏水和 5mL 钒酸铵-钼酸铵溶液,20min 后测 432nm 波长时的光密度。计算土壤所吸附的磷量即为土壤的 AEC。

3.4.5 注意事项

(1) 最好在淋洗管(或漏斗)中进行土样淋洗,淋洗前土样要充分湿润,土样上面要盖一层滤纸并用玻璃棒轻轻压实。在加溶液或水淋洗时,沿玻璃棒慢慢地加至漏斗中间。

(2) 离心后倾去上清液时要特别小心,动作要轻,管壁上残留的黄色溶液要用滤纸吸去。用蒸馏水水洗沉淀后要用蒸馏水冲净管内壁,管壁上不能有黄色溶液。

(3) 本实验中测得的 AEC 是以磷酸根为指示阴离子。由于磷酸根在土壤表面吸附的机制除静电引力外还有配位体交换,这里的 AEC 只能看作一定条件下土壤某种电荷性质的表现,并不一定能代表土壤的正电荷量。

3.5 土壤电荷零点(PZC)的测定

3.5.1 实验目的

掌握土壤电荷零点测定的原理和方法,加深对其概念的认识。

3.5.2 实验原理

土壤胶体可变电荷表面所带的电荷是随体系 pH 值的变化而变化。在一定的 pH 值下,可变电荷表面的正电荷和负电荷量相等,这一 pH 值点即土壤的电荷零点(PZC 或 pH_0)。它不受支持电解质浓度的影响。因此,测定土壤在不同浓度支持电解质中的滴定曲线则会有一个交点,此点即为土壤的电荷零点。

3.5.3 仪器与试剂

1) 仪器

酸度计,摇床,离心机。

2) 试剂

(1) 2mol/L KCl:称取 150g 化学纯 KCl 溶于 1 000mL 水中,1mol/L 的 KCl 和

0.002mol/L 可由此液稀释而成。

(2)0.1mol/L HCl：用量筒量取 83mL 比重 1.19 的盐酸，用蒸馏水稀释到 1L，此为约 1 mol/L 的 HCl，再取 1mol/L HCl 100mL 稀释到 1 000mL，即为 0.1mol/L HCl。

(3)0.1mol/L KOH：称取 5.6g 化学纯 KOH，溶解于 100mL 蒸馏水中。

3.5.4 实验步骤

(1)称取土壤样品 100g，用 1mol/L 的 KCl 溶液洗 3 次，每次约 200mL。再用 0.002mol/L 的 KCl 溶液洗 3～4 次，每次约 200mL。在 60℃下烘干，过 1mm 筛备用。

(2)称取上述钾质土 8～9 份，每份相当于干重 4.00g，分别置于 8～9 支 50mL 离心管中，加入一定量的 0.002mol/L KCl 溶液、HCl 或 KOH。使溶液 pH 值在一定范围（如 pH＝2～10），使管中溶液的体积为 20mL。各溶液的加入量可参照表 3-3 所列加入。

表 3-3 各溶液的加入量参照表

离心管编号	1	2	3	4	5	6	7	8	9
0.002mol/L KCl(mL)	12	13	15	17	19	19.5	20	19	18
HCl 或(KOH)(mL)	8	7	5	3	1	0.5	0	(1)	(2)

(3)将离心管用橡皮塞塞紧，静置 4 天，其间每天振荡 1h。测其 pH 值，记为 pH 值。

(4)在每支离心管中加入 0.5mL 浓度为 2mol/L 的 KCl 溶液，振荡 3h 后测溶液的 pH 值，记为 pH＝2。

(5)计算每支离心管的 $\Delta pH = pH_2 - pH_1$。以 ΔpH 为纵坐标，pH_1 为横坐标作图。找出 $\Delta pH=0$ 所对应的 pH_1 的值，即为土壤的电荷零点（PZC 或 pH_0）。

3.5.5 注意事项

(1)各离心管中 HCl 或 KOH 的加入量根据土壤的实际情况而定。可通过预备实验来确定，一般使溶液的 pH 值在 2～10 的范围内，且各 pH 值点分布较均匀。

(2)按 pH 值由低到高的顺序测定 PH 值。

3.5.6 思考题

(1)当体系 pH＞PZC 时，土壤可变电荷表面带什么电荷？当体系 pH＜PZC 时带什么电荷？为什么？

(2)我国主要地带性土壤的 PZC 有什么变化趋势？为什么？

3.6 土壤净电荷零点(PZNC)的测定

3.6.1 实验目的

掌握土壤净电荷零点测定的原理和方法,加深对其概念的认识。

3.6.2 实验原理

大部分土壤都是含永久电荷矿物和可变电荷矿物的混合体系。土壤的净电荷零点是土壤表面吸附的阴离子量和阳离子量相等时体系的pH值。通过测定土壤在不同pH值时对K^+离子和Cl^-离子的吸附量,找出K^+和Cl^-吸附量相等的pH值点,即是土壤在该实验条件下的净电荷零点。土壤的净电荷零点会因支持电解质的浓度和种类而有所变化。

3.6.3 仪器和试剂

1) 仪器

酸度计,摇床,火焰光度计,自动电位滴定仪,离心机等。

2) 试剂

(1) 1mol/L 的 KCl:称取 75g 化学纯 KCl 溶于 1 000mL 水中。

(2) 0.2mol/L KCl 和 0.01mol/L KCl,用 1mol/L KCl 稀释而成。

(3) 0.1mol/L KCl:将 1mol/L 的 HCl 稀释 10 倍。

(4) 0.1mol/L KOH:5.6g 化学纯 KOH 溶于 1 000mL 水中。

3.6.4 实验步骤

(1) 在 8 个已知重量的 50mL 离心管中称入相当烘干重 4.00g 的土样,加 20mL 浓度为 1mol/L KCl,振荡 1h,离心,弃去清液。

(2) 用 0.2mol/L KCl 洗 2 次(每次 20mL),再用 0.01mol/L KCl 洗 3~5 次(每次 20mL),每次洗后离心,并弃去上清液。

(3) 用 0.01mol/L KCl 为介质,用 HCl 和 KOH 将各管中悬液的 pH 值调至一定范围。每天振荡 1h,3~4 天后测悬液的 pH 值。

(4) 离心分离。保留上清液,分别用火焰光度计法和自动电位滴定法测其 K^+ 和 Cl^- 的浓度(设测得的摩尔浓度分别为 c_K^0 和 c_{Cl}^0)。称离心管重量以确定残留在管中的 KCl 溶液的体积(V_0)。

(5) 用 0.5mol/L NH_4NO_3 溶液洗 5 次。每次 20mL,以代换土壤表面吸附的 K^+ 和 Cl^-。将洗涤液收集于 100mL 容量瓶,定容,测其中 K^+ 和 Cl^- 的浓度(设测得的摩尔浓度

分别为 c_{K^+} 和 c_{Cl^-})。

(6) 算 K^+ 和 Cl^- 的吸附量(c mol/kg)：

$$K^+ \text{或} Cl^- \text{吸附量} = \frac{c_{K^+}(\text{或} c_{Cl^-}) \times 100 - c_{K^+}^0(\text{或} c_{Cl^-}^0)V_0}{4} \times 100$$

以 K^+ 和 Cl^- 的吸附量对 pH 值做图，确定 K^+ 和 Cl^- 吸附量相等的 pH 值点，即为供试土壤的 PZNC。

3.6.5 注意事项

(1) 实验步骤 2 用 0.2mol/L KCl 和 0.011mol/L KCl 洗土样时，可用玻璃棒搅匀，然后离心。

(2) 实验步骤 3 加入 0.01mol/L KCl 和 HCl 或 KOH 后，离心管用橡皮塞塞紧，用力摇匀，使土样分散后再放入格床振荡。

(3) 用淋洗法先将土样制成钾质土；即称约 100g 土样于漏斗中，分别用 1mol/L KCl 淋洗和 0.01mol/L KCl 淋洗 3 次，用蒸馏水淋洗 2~3 次，然后在 60℃下烘干，过 1mm 筛备用。这样，可省去实验步骤 1 中的用 1mol/L KCl 淋洗和实验步骤 2。

(4) 用 HCl 和 KOH 调节 pH 值时，KCl、HCl 和 KOH 的加入量(mL)可参照表 3-4。

表 3-4 KCl、HCl 和 KOH 加入量参照表　　　　　(单位:mL)

离心管编号	1	2	3	4	5	6	7	8
HCl(KOH)	7	5	3	2	1	0	(1)	(2)
KCl	13	15	17	18	19	20	19	18

(5) 步骤 4 中，称离心管重量前，应将管外壁擦干，内壁上滞留的水珠可用滤纸吸干。

3.6.6 思考题

(1) 为什么要将土壤用 KCl 洗数次，以便土壤被 K^+ 离子饱和？
(2) 分析专性吸附会对土壤的 PZNC 值产生什么影响？
(3) 土壤 PZNC 值的大小说明了什么？

3.7 土壤表面羟基释放量的测定

3.7.1 实验目的

了解 NaF 与土壤矿物表面羟基配位交换反应的机理，巩固有关土壤表面化学的理论知识。

3.7.2 实验原理

在一定的反应时间内，F^- 与氧化物表面的羟基及层状铝硅酸盐边缘裸露的羟基发生配位交换反应，使羟基解吸到溶液中。用过量时 HCl 中和解吸的羟基；再用 NaOH 回滴，通过 NaOH 的消耗量来计算土壤的羟基释放量。

3.7.3 实验器皿和试剂

1）实验器皿

(1) 100mL 塑料离心管及橡皮塞。

(2) 50mL 塑料烧杯。

(3) 150mL 三角瓶。

(4) 碱式滴定管。

(5) 电炉。

2）试剂

(1) 1mol/L NaCl 溶液：称取 58.4g 化学纯氯化钠，溶于 1L 蒸馏水中。

(2) 1mol/L NaF 溶液：称取 41.99g 化学纯氟化钠于 1 000mL 塑料烧杯中，加 1L 蒸馏水溶解，并用稀 NaOH 和稀 HCl 将 pH 值调到 7.0。

(3) 0.02mol/L HCl 溶液：取 20mL 浓度为 1mol/L 的 HCl 稀释到 1L。

(4) 0.02mol/L 标准 NaOH 溶液：称取化学纯氢氧化钠 50g 左右溶于 100mL 蒸馏水中，配成饱和溶液。放置过夜，用装有洗耳球的吸管吸取 16.5mL 于 1 000mL 容量瓶，用无 CO_2 蒸馏水定容，摇匀（约 0.2mol/L）。用 0.100 0mol/L 的标准苯二甲酸氢钾标定。将上述 NaOH 溶液稀释 10 倍即得 0.02mol/L 的标准 NaOH 溶液。

3.7.4 实验步骤

(1) 称样：称取 1.00g 土样两份分别置于 100mL 塑料离心管中。

(2) 将土样处理为 Na^+ 质土：用 1mol/L NaCl 溶液反复处理 4 次，每次约 40mL，使土样为 Na^+ 所饱和。每次搅匀后离心，弃去清液。

(3) NaF 与土壤表面的反应：在各离心管中加入 50mL 浓度为 1mol/L NaF 溶液，用橡皮塞塞紧。剧烈摇动，使土样分散，然后在振荡机中振荡 2h（计时从加入 NaF 溶液开始）。取出后离心，将清液倾入烘干的 50mL 塑料烧杯中备用。

(4) 中和滴定：吸取上述待测液 25mL 于 150mL 三角瓶中，加入 20mL 浓度为 0.02mol/L 的 HCl 溶液，加热至沸并保持 1~2min。冷却后加入 3~4 滴酚酞指示剂，用标准 NaOH 滴定至粉红色终点。

(5) 空白实验：吸取 25mL NaF 溶液于 150mL 三角瓶中，加入 20mL 浓度为 0.02mol/L 的 HCl，按步骤 4 进行加热煮沸和滴定。

3.7.5 结果计算

设标准 NaOH 溶液的浓度为 a,v_1 和 v_2 分别代表空白和待测液滴定消耗 NaOH 的毫升数,w 为样品重(g),则:

$$羟基(-OH)释放量(c\ mol/kg) = \frac{(v_1-v_2)a}{w} \times 100$$

3.7.6 注意事项

(1)根据离心机一次能离心的容量有限,可将离心管分组,各组反应的起始时间稍许错开,以保证后续的离心时间错开,但总的反应时间仍为 2h。

(2)如果土壤有机质含量较高,NaF 提取液的颜色较深,用 NaOH 滴定时酚酞指示终点将不太明显,可用酸度计指示终点,滴定到 pH=8.2。

3.7.7 思考题

(1)为什么要将土样处理成钠质土?
(2)为什么要限定 NaF 与土壤的反应时间?
(3)土壤表面羟基释放量的大小在某种程度上是土壤物质组成的反映,谈谈你的看法。

3.8 土壤有机质含量测定

3.8.1 概述

土壤中的有机质含量可以用土壤中一般的有机碳比例(即换算因数)乘以有机碳百分数而求得。其换算因数随土壤有机质的含碳率而定。各地土壤的有机质组成不同,其含碳量亦不一致,因此,根据含碳量计算有机质含量时,如果都用同一换算因数,势必会造成一些误差。

Van Bemmelen 因数为 1.724,是假定土壤有机质含碳 58% 计算的。然而,许多研究指出,对许多土壤而言此因数太低,因此低估了有机质的含量。Broadbent(1953)概括了许多早期工作,确定换算因数为 1.9 和 2.5,将分别选用于表土和底土。其他工作者发现(Ponomareva 和 Platnikova,1967)1.9~2.0 的换算因数对于表层矿物土壤的换算是令人满意的。

尽管这样,我国目前仍沿用"Van Benmmelen 因数"1.724。在国外常用有机碳表示,而不用有机质含量表示。

3.8.2 土壤有机质测定

3.8.2.1 重铬酸钾容量法——外加热法

1) 方法原理

在外加热的条件下(油浴的温度为180℃,沸腾5min),用一定浓度的重铬酸钾——硫酸溶液氧化土壤有机质(碳),剩余的重铬酸钾用硫酸亚铁来滴定,从所消耗的重铬酸钾量计算有机碳的含量。本方法测得的结果,与干烧法对比,只能氧化90%的有机碳,因此,将所得的有机碳乘以校正系数,以计算有机碳量。在氧化滴定过程中化学反应如下:

$$2K_2Cr_2O_7 + 8H_2SO_4 + 3C \rightarrow 2K_2SO_4 + 2Cr_2(SO_4)_3 + 3CO_2 + 8H_2O$$

$$K_2Cr_2O_7 + 6FeSO_4 \rightarrow K_2SO_4 + Cr_2(SO_4)_3 + 3Fe_2(SO_4)_3 + 7H_2O$$

在1mol/L H_2SO_4 溶液中用 Fe^{2+} 滴定 $Cr_2O_7^{2-}$ 时,其滴定曲线的突跃范围为1.22~0.85V。

表3-5 滴定过程中使用的氧化还原指示剂

指示剂	E_0(V)	本身—变色氧化—还原	Fe^{2+}滴定$Cr_2O_7^{2-}$时的变色氧化—还原	特 点
二苯胺	0.76	深蓝色→无色	深蓝色→绿色	须加 H_3PO_4;近终点须强烈摇动,较难掌握
二苯胺磺酸钠	0.85	红色→无色	红紫色→蓝紫色→绿色	须加 H_3PO_4;终点稍难掌握
2-羧基代二苯胺	1.08	紫红色→无色	棕色→红紫色→绿色	不必加 H_3PO_4;终点易于掌握
邻啡罗啉	1.11	淡蓝色→红色	橙色→灰绿色→淡绿色→砖红色	不必加 H_3PO_4;终点易于掌握

从表3-5中可以看出,每种氧化还原指示剂都有自己的标准电位(E_0),邻啡罗啉($E_0=1.11V$)和2-羧基代二苯胺($E_0=1.08V$)这两种氧化还原指示剂的标准电位(E_0)正落在滴定曲线突跃范围之内,因此,不需加磷酸而终点容易掌握,可得到准确的结果。

例如:以邻啡罗啉亚铁溶液(邻二氮啡亚铁)为指示剂,3个邻啡罗啉($C_2H_8N_2$)分子与一个亚铁离子络合,形成红色的邻啡罗啉亚铁络合物,遇强氧化剂,则变为淡蓝色的正铁络合物,其反应如下:

$$[(C_2H_8N_2)_3Fe]^{3+} + Fe \rightleftharpoons [(C_2H_8N_2)_3Fe]^{2+}$$
$$\text{淡蓝色} \qquad\qquad\qquad \text{红色}$$

滴定开始时以重铬酸钾的橙色为主,滴定过程中渐现 Cr^{3+} 的绿色,快到终点变为灰绿色,如标准亚铁溶液过量半滴,即变成红色,表示终点已到。但用邻啡罗啉的一个问题是:指示剂往往被某些悬浮土粒吸附,到终点时颜色变化不清楚,所以常常在滴定前将悬浊液在玻璃滤器上过滤。

从表3-5中也可以看出,二苯胺、二苯胺磺酸钠指示剂变色的氧化还原标准电位(E_0)分别为0.76V和0.85V。指示剂变色在重铬酸钾与亚铁滴定曲线突跃范围之外,因此,使终点后移。为此,在实际测定过程中加入NaF或H_3PO_4络合Fe^{3+},其反应如下:

$$Fe^{3+} + 2PO_4^{3-} \longrightarrow Fe(PO_4)_2^{3-}$$

$$Fe^{3+} + 6F^- \longrightarrow [FeF_6]^{3-}$$

加入磷酸等不仅可消除Fe^{3+}的颜色,而且能使Fe^{3+}/Fe^{2+}体系的电位大大降低,从而使滴定曲线的突跃电位加宽,使二苯胺等指示剂的变色电位进入突跃范围之内。

根据以上各种氧化还原指示剂的性质及滴定终点掌握的难易,推荐应用2-羧基二苯胺。其价格便宜,性能稳定,值得推荐采用。

2) 主要仪器

油浴消化装置(包括油浴锅和铁丝笼),可调温电炉,秒表,自动控温调节器。

3) 试剂

(1) 0.008mol/L(1/6$K_2Cr_2O_7$)标准溶液:称取经130℃烘干的重铬酸钾($K_2Cr_2O_7$,GB642-77,分析纯)39.224 5g溶于水中,定容于1 000mL容量瓶中。

(2) H_2SO_4:浓硫酸(H_2SO_4,GB625-77,分析纯)。

(3) 0.2mol/L $FeSO_4$溶液:称取硫酸亚铁($FeSO_4 \cdot 7H_2O$,GB664-77,分析纯)56.0g溶于水中,加浓硫酸5mL,稀释至1L。

(4) 指示剂:①邻啡罗啉指示剂,称取邻啡罗啉(GB1293-77,分析纯)1.485g与$FeSO_4 \cdot 7H_2O$ 0.695g,溶于100mL水中;②2-羧基代二苯胺(O-phenylanthranilicacid,又名邻苯氨基苯甲酸,$C_{13}H_{11}O_2N$)指示剂,称取0.25g试剂于小研钵中研细,然后倒入100mL小烧杯中,加入0.18mol/LNaOH溶液12mL,并用少量水将研钵中残留的试剂冲洗入100mL小烧杯中,将烧杯放在水浴上加热使其溶解,冷却后稀释定容到250mL,放置澄清或过滤,用其清液。

(5) Ag_2SO_4:硫酸银(Ag_2SO_4,HG3-945-76,分析纯),研成粉末。

(6) SiO_2:二氧化硅(SiO_2,Q/HG22-562-76,分析纯),粉末状。

4) 操作步骤

(1) 称取通过0.149mm(100目)筛孔的风干土样0.1~1g(精确到0.000 1g),放入一干燥的硬质试管中,用移液管准确加入0.800 0mol/L(1/6$K_2Cr_2O_7$)标准溶液5mL(如果土壤中含有氯化物需先加入Ag_2SO_4 0.1g),用注射器加入浓H_2SO_4 5mL充分摇匀,管口盖上弯颈小漏斗,以冷凝蒸出之水汽。

(2) 将8~10个试管放入自动控温的铝块管座中(试管内的液温控制在约170℃)[或将8~10个试管盛于铁丝笼中(每笼中均有1~2个空白试管),放入185~190℃的石蜡油锅中,要求放入后油浴锅温度下降至170~180℃,以后必须控制电炉,使油浴锅内始终维持在 170~180℃],待试管内液体沸腾发生气泡时开始计时,煮沸 5min,取出试管(用油浴法,稍冷,擦净试管外部油液)。

(3)冷却后,将试管内容物倾入 250mL 三角瓶中,用水洗净试管内部及小漏斗,这三角瓶内溶液总体积为 60~70mL,保持混合液(1/2 H_2SO_4)中浓度为 2~3mol/L,然后加入 2-羧基代二苯胺指示剂 12~15 滴,此时溶液呈棕红色。用标准的 0.2mol/L 硫酸亚铁滴定,滴定过程中不断摇动三角瓶,直至溶液的颜色由棕红色经紫色变为暗绿色(灰蓝绿色),即为滴定终点。如用邻啡罗啉指示剂,加指示剂 2~3 滴,溶液的变色过程中由橙黄→蓝绿→砖红色即为终点。记取 $FeSO_4$ 滴定毫升数(V)。

(4)每一批(即上述铁丝笼或铝块中)样品测定的同时,进行 2~3 个空白试验,即取 0.500g 粉状二氧化硅代替土样,其他手续与试样测定相同。记取 $FeSO_4$ 滴定毫升数(V_0),取其平均值。

5) 结果计算

$$土壤有机碳(g/kg) = \frac{\frac{c \times 5}{V_0} \times (V_0 - V) \times 10^{-3} \times 3.0 \times 1.1}{m \times k} \times 1000$$

式中:c 为 0.800 0mol/L(1/6$K_2Cr_2O_7$)标准溶液的浓度;5 为重铬酸钾标准溶液加入的体积(mL);V_0 为空白滴定用去 $FeSO_4$ 体积(mL);V 为样品滴定用去 $FeSO_4$ 体积(mL);3.0 为 1/4 碳原子的摩尔质量(g/mol);10^{-3} 为将 mL 换算为 L;1.1 为氧化校正系数;m 为风干土样质量(g);k 为将风干土样换算成烘干土的系数。

注释:

(1)含有机质高于 50g/kg 者,称土样 0.1g;含有机质高于 20~30g/kg 者,称土样 0.3g;少于 20g/kg 者,称土样 0.5g 以上。由于称样量少,称样时应用减重法以减少称样误差。

(2)土壤中氯化物的存在可使结果偏高。因为氯化物也能被重铬酸钾氧化,因此,盐土中有机质的测定必须防止氯化物的干扰,对少量氯可加少量的 Ag_2SO_4 使氯根沉淀下来(生成 AgCl)。Ag_2SO_4 的加入不仅能沉淀氯化物,而且有促进有机质分解的作用。据研究,当使用 Ag_2SO_4 时,校正系数为 1.04;不使用 Ag_2SO_4 时,校正系数为 1.1。Ag_2SO 的用量不能太多,约加 0.1g,否则生成 $Ag_2Cr_2O_7$ 沉淀,影响滴定。

在氯离子含量较高时,可用一个氯化物近似校正系数 1/12 来校正之,由于 $Cr_2O_7^{2-}$ 与 Cl^- 及 C 的反应是定量的:

$$Cr_2O_7^{2-} + 6Cl^- + 14H^+ \rightarrow 2Cr^{3+} + 3Cl_2 + 7H_2O$$
$$2Cr_2O_7^{2-} + 3C + 16H^+ \rightarrow 4Cr^{3+} + 3CO_2 + 8H_2O$$

由上两个反应式可知 $C/4Cl^- = 12/4 \times 35.5 \approx 1/12$

$$土壤含碳量(g/kg) = 未经校正土壤含碳量(g/kg) - \frac{土壤 Cl 含量(g/kg)}{12}$$

此校正系数在 Cl:C 比为 5:1 以下时适用。

(3)对于水稻土、沼泽土和长期渍水的土壤,由于土壤中含有较多的 Fe^{2+}、Mn^{2+} 及其他还原性物质,它们也消耗 $K_2Cr_2O_7$,可使结果偏高,对这些样品必须在测定前充分风干。一般可把样品磨细后,铺成薄薄一层,在室内通风处风干 10 天左右即可使 Fe^{2+} 全部氧化。长期沤水的水稻土,虽经几个月风干处理,样品中仍有亚铁反应。对这种土壤,最好采用铬酸磷酸湿烧测定二氧化碳法。

(4)这里为了减少 0.4mol/L($1/6K_2Cr_2O_7$)- H_2SO_4 溶液的黏滞性带来的操作误差,准确加入 0.800mol/L($1/6K_2Cr_2O_7$)水溶液 5mL 及浓 H_2SO_4 5mL,以代替 0.4 mol/L($1/6K_2Cr_2O_7$) 溶液 10mL。在测定石灰性土壤样品时,也必须慢慢加入 $K_2Cr_2O_7$ - H_2SO_4 溶液,以防止由于碳酸钙的分解而引起激烈发泡。

(5)最好不采用植物油,因为它可被重铬酸钾氧化,而可能带来误差。矿物油或石蜡对测定无影响。当用油浴锅预热气温很低时应高一些(约 200℃)。铁丝笼应该有脚,使试管不与油浴锅底部接触。

(6)用矿物油虽对测定无影响,但空气污染较为严重,最好采用铝块(有试管孔座的)加热自动控温的方法来代替油浴法。

(7)必须在试管内溶液表面开始沸腾时开始计算时间。掌握沸腾的标准尽量一致,然后继续消煮 5min,消煮时间对分析结果有较大的影响,故应尽量记时准确。

(8)消煮好的溶液颜色一般应是黄色或黄中稍带绿色,如果以绿色为主,则说明重铬酸钾用量不足。在滴定时消耗硫酸亚铁量小于空白用量的 1/3 时,可能氧化不完全,应弃去重做。

3.8.2.2 重铬酸钾容量法——稀释热法

1) 方法原理

基本原理、主要步骤与重铬酸钾容量法(外加热法)的相同。稀释热法(水合热法)是利用浓硫酸和重铬酸钾迅速混合时所产生的热来氧化有机质,以代替外加热法中的油浴加热,操作更加方便。由于产生的热量少,温度较低,故对有机质的氧化程度较低,只有 77%。

2) 试剂

(1)1mol/L($1/6K_2Cr_2O_7$) 溶液:准确称取 $K_2Cr_2O_7$(分析纯,105℃烘干)49.04g,溶于水中,稀释至 1L。

(2)0.4mol/L($1/6K_2Cr_2O_7$) 的基准溶液:准确称取 $K_2Cr_2O_7$(分析纯)(在 130℃烘 3h) 19.613 2g 于 250mL 烧杯中,以少量水溶解,将全部洗入 1 000mL 容量瓶中,加入浓 H_2SO_4 约 70mL,冷却后用水定容至刻度,充分摇匀备用[其中含硫酸浓度约为 2.5mol/L ($1/2$ H_2SO_4)]。

(3)0.5mol/L $FeSO_4$ 溶液:称取 $FeSO_4 \cdot 7H_2O$ 140g 溶于水中,加入浓 H_2SO_4 15mL,冷却稀释至 1L 或称取 $Fe(NH_4)_2(SO_4)_2 \cdot 6H_2O$ 196.1g 溶解于含有 200mL 浓 H_2SO_4 的 800 mL 水中,稀释至 1L。此溶液的准确浓度以 0.4mol/L($1/6K_2Cr_2O_7$) 的基

准溶液标定之。即准确分别吸取 3 份 0.4mol/L($1/6K_2Cr_2O_7$) 的基准溶液各 25mL 于 150mL 三角瓶中,加入邻啡罗啉指示剂 2～3 滴(或加 2 羧基代二苯胺 12～15 滴),然后用 0.5mol/L $FeSO_4$ 溶液滴定至终点,并计算出 $FeSO_4$ 的准确浓度。硫酸亚铁($FeSO_4$)溶液在空气中易被氧化,需新鲜配制或以标准的 $K_2Cr_2O_7$ 溶液每天标定之。

3) 操作步骤

准确称取 0.500 0g 土壤样品[①]于 500mL 的三角瓶中,然后准确加入 1mol/L($1/6K_2Cr_2O_7$) 溶液 10mL 于土壤样品中,转动瓶子使之混合均匀,然后加浓 H_2SO_4 20mL,将三角瓶缓缓转动 1min,促使混合以保证试剂与土壤充分作用,并在石棉板上放置约 30min,加水稀释至 250mL,加 2 羧基代二苯胺 12～15 滴,然后用 0.5mol/L $FeSO_4$ 标准溶液滴定之,其终点为灰绿色。或加 3～4 滴邻啡罗啉指示剂,用 0.5mol/L $FeSO_4$ 标准溶液滴定至近终点时溶液颜色由绿色变成暗绿色,逐渐加入 $FeSO_4$ 直至生成砖红色为止。用同样的方法做空白测定(即不加土样)。

如果 $K_2Cr_2O_7$ 被还原的量超过 75%,则须用更少的土壤重做。

4) 结果计算

$$土壤有机碳(g/kg) = \frac{c(V_0-V) \times 10^{-3} \times 3.0 \times 1.33}{烘干土重} \times 1000$$

$$土壤有机质(g/kg) = 土壤有机碳(g/kg) \times 1.724$$

式中:1.33 为氧化校正系数;c 为 0.5mol/L $FeSO_4$ 标准溶液的浓度;其他各代号和数字的意义同前面方法相同有机质计算。

3.9 土壤的 pH 值测定

pH 值的化学定义是溶液中 H^+ 活度的负对数。土壤的 pH 值是土壤酸碱度的强度指标,是土壤的基本性质和肥力的重要影响因素之一。它直接影响土壤养分的存在状态、转化和有效性,从而影响植物的生长发育。土壤的 pH 值易于测定,常用作土壤分类、利用、管理和改良的重要参考。同时在土壤理化分析中,土壤的 pH 值与很多项目的分析方法和分析结果有密切关系,因而是审查其他项目结果的一个依据。

土壤的 pH 值分水浸 pH 值和盐浸 pH 值,前者是用蒸馏水浸提土壤测定的 pH 值,代表土壤的活性酸度(碱度),后者是用某种盐溶液浸提测定的 pH 值,大体上反映土壤的潜在酸。盐浸提液常用 1mol/L KCl 溶液或用 0.5mol/L $CaCl_2$ 溶液,在浸提土壤时,其中的 K^+ 或 Ca^{2+} 即与胶体表面吸附的 Al^{3+} 和 H^+ 发生交换,使其相当部分被交换进入溶液,故盐浸 pH 值较水浸 pH 值低。

土壤的 pH 值的测定方法包括比色法和电位法。电位法的精确度较高。pH 值误差

---

① 泥碳称 0.0.5g,土壤有机质含量低于 10g/kg 者称 2.0g。

约为0.02单位,现已成为室内测定的常规方法。野外速测常用混合指示剂比色法,其精确度较差,pH值误差在0.5左右。

3.9.1 混合指示剂比色法

3.9.1.1 方法原理

指示剂在不同pH值的溶液中显示不同的颜色,故根据其颜色变化即可确定溶液的pH值。混合指示剂是几种酸碱指示剂的混合液,能在一个较广的pH值范围内,显示出与一系列不同pH值相对应的颜色,据此测定该范围内各种土壤的pH值。

3.9.1.2 操作步骤

在比色瓷盘孔内(室内要保持清洁干燥,野外可用待测土壤擦拭)放入黄豆大小的待测土壤,滴入混合指示剂8滴,轻轻摇动使土粒与指示剂充分接触,约1min后将比色盘稍加倾斜用盘孔边缘显示的颜色与pH值比色卡比较,以估读土壤的pH值。

3.9.1.3 pH=4～11混合指示剂的配制

称0.2g甲基红,0.4g溴百里酚蓝,0.8g酚酞,在玛瑙研钵中混合研匀,溶于400mL 95%酒精中,加蒸馏水580mL,再用0.1mol/L NaOH调至pH=7(草绿色),用pH值计或标准溶液校正,最后定容至1 000mL,其变色范围如表3-6所示。

表3-6 pH4～11混合指示剂颜色变化范围

pH	4	5	6	7	8	9	10	11
颜色	红	橙	黄(稍带绿)	草绿	绿	暗蓝	紫蓝	紫

3.9.2 电位测定法

3.9.2.1 方法原理

以电位法测定土壤悬液pH,通用pH玻璃电极为指示电极,甘汞电极为参比电极。此两电极插入待测液时构成一电池反应,其间产生一电位差,因参比电极的电位是固定的,故此电位差之大小取决于待测液的H^+活度或其负对数pH。因此,可用电位计测定电动势。再换算成pH,一般用酸度计可直接测读pH。

试剂:(1)pH=4.003标准缓冲液:称取在105 ℃烘干的苯二甲酸氢钾($KHC_8H_4O_4$) 10.21g,用蒸馏水溶解后稀释至1 000mL。

(2)pH=6.86标准缓冲液:称取在45℃烘过的磷酸二氢钾3.39g和无水磷酸氢二钠3.53g(或用带12个结晶水的磷酸氢二钠于干燥器中放置2周,使其成为带两个结晶水的磷酸氢二钠,再经过130℃烘成无水磷酸氢二钠备用),溶解在蒸馏水中,定容至1 000mL。

(3)pH=9.18标准缓冲液:称3.80g硼砂($Na_2B_4O_7 \cdot 10H_2O$)溶于蒸馏水中,定容至

1 000mL。此缓冲液易变化,应注意保存。

（4）1mol KCl 溶液：称取 KCl 74.6g 溶于 400mL 蒸馏水中，用 10% KOH 或 HCl 调节至 pH=5.6~6.0，然后稀释至 1 000mL。

仪器：酸度计，50mL 小烧杯、搅拌器等。

3.9.2.2 操作步骤

称取通过 1mm 筛孔的风干土 5g 两份，各放在 50mL 的烧杯中，一份加无 CO_2 蒸馏水，另一份加 1mol/L 的 KCl 溶液各 25mL（此时土水比为 1∶5），用搅拌器搅拌 1min，放置 30min 后用酸度计测定。

附：PHS-3C 型酸度计使用说明

1. 准备工作

把仪器电源线插入 220V 交流电源，玻璃电极和甘汞电极安装在电极架上的电极夹中，将甘汞电极的引线连接在后面的参比接线柱上。安装电极时玻璃电极球泡必须比甘汞电极陶瓷芯端稍高一些，以防止球泡碰坏。甘汞电极在使用时应把上部的小橡皮塞及下端橡皮套取下，在不用时仍用橡皮套将下端套住。

在玻璃电极插头没有插入仪器的状态下，接通仪器后面的电源开关，让仪器通电预热 30min。将仪器面板上的按键开关置于 pH 值位置，调节面板的"零点"电位器使读数为±0 之间。

2. 测量电极电位

（1）按准备工作所述对仪器调零。

（2）接入电极。插入玻璃电极插头时，同时，将电极插座外套向前按，插入后放开外套。插头拉不出表示已插好。拔出插头时，只要将插座外套向前按动，插头即能自行跳出。

（3）用蒸馏水清洗电极并用滤纸擦干。

（4）电极浸在被测溶液中，仪器的稳定读数即为电极电位（pH 值）。

3. 仪器标定

在测量溶液 pH 值之前必须先对仪器进行标定。一般在正常连续使用时，每天标定一次已能达到要求。但当被测定溶液有可能损害电极球泡的水化层或对测定结果有疑问时应重新标定。标定分"一点"标定和"二点"标定两种。标定前应先对仪器调零。标定完成后，仪器的"斜率"及"定位"调节器不应再有变动。

1）一点标定方法

（1）插入电极插头，按下选择开关按键使之处于 pH 位，"斜率"旋钮放在 100% 处或已知电极斜率的相应位置。

（2）选择一种与待测溶液 pH 值比较接近的标准缓冲溶液。将电极用蒸馏水清洗并吸干后浸入标准溶液中，调节温度补偿器使其指示与标准溶液的温度相符。摇动烧杯使溶液均匀。

(3) 调节"定位"调节器使仪器读数为标准溶液在当时温度时的pH值。

2) 二点标定方法

(1) 插入电极插头,按下选择开关按键使之处于pH位,"斜率"旋钮放在100%处。

(2) 选择两种标准溶液,测量溶液温度并查出这两种溶液与温度对应的标准pH值(假定为pHS1和pHS2)。将温度补偿器放在溶液温度相应位置。将电极用蒸馏水清洗并吸干后浸入第一种标准溶液中,稳定后的仪器读数为pH_1。

(3) 再将电极用蒸馏水清洗并吸干后浸入第二种标准溶液中,仪器读数为pH_2。计算$S=[(pH_1-pH_2)/(pHS1-pHS2)]\times100\%$,然后将"斜率"旋钮调到计算出来的$S$值相对应位置,再调节定位旋钮使仪器读数为第二种标准溶液的pHS2值。

(4) 再将电极浸入第一种标准溶液,如果仪器显示值与pHS1相符则标定完成。如果不符,则分别将电极依次再浸入这两种溶液中,在比较接近pH=7的溶液中时"定位",在另一溶液中时调"斜率",直至两种溶液都能相符为止。

3) 测量pH值

(1) 已经标定过的仪器即可用来测量被测溶液的pH值,测量时"定位"及"斜率"调节器应保持不变,"温度补偿"旋钮应指示在溶液温度位置。

(2) 将清洗过的电极浸入被测溶液,摇动烧杯使溶液均匀,稳定后的仪器读数即为该溶液的pH值。

(3) 注意事项:

① 土水比的影响:一般土壤悬液愈稀,测得的pH值愈高,尤以碱性土的稀释效应较大。为了便于比较,测定pH值的土水比应当固定。经试验,采用1∶1的土水比,碱性土和酸性土均能得到较好的结果,酸性土采用1∶5和1∶1的土水比所测得的结果基本相似,故建议碱性土采用1∶1或1∶5土水比进行测定。

② 蒸馏水中CO_2会使测得的土壤pH值偏低,故应尽量除去,以避免其干扰。

③ 待测土样不宜磨得过细,宜用通过1mm筛孔的土样测定。

④ 玻璃电极在使用前应在0.1mol/L NaCl溶液或蒸馏水中浸泡24h以上。

⑤ 甘汞电极一般为KCl饱和溶液灌注,如果发现电极内已无KCl结晶,应从侧面投入一些KCl结晶体,以保持溶液的饱和状态。不使用时,电极可放在KCl饱和溶液或纸盒中保存。

思考:

(1) 土壤颗粒大小、水土比对pH值测定会产生什么影响?

(2) 土壤酸度是由哪些因素决定的?

3.10 土壤氧化还原电位的测定

3.10.1 目的和意义

土壤氧化还原电位是土壤氧化还原状况的指标。土壤中进行着多种复杂的化学和生物化学过程,其中氧化还原作用占有重要的地位。土壤空气中氧含量的高低强烈地影响着土壤溶液的氧化还原状况,故测定土壤的氧化还原电位,可以大致了解土壤的通气状况。土壤中氮、磷养分的转化,某些水稻土中是否有硫化氢、亚铁、有机酸等毒害物质出现的可能,都与土壤的氧化还原状况有关,因此,测定土壤氧化还原电位具有十分重要的意义。

3.10.2 方法原理

土壤中参与氧化还原过程的物质多种多样,基本上可以分为无机体系和有机体系两大类。氧化还原反应实质上是电子得失的反应,失去电子的物质被氧化,得到电子的物质被还原。氧化还原反应的最简单表示形式为:

$$\text{氧化剂}^{+m} + n \cdot e^- \longleftrightarrow \text{还原剂}^{m-n}$$

测定时将铂电极和饱和甘汞电极插入土壤中,两者相互组合构成电池,铂电极作为电路中传递电子的导体。在铂电极上发生的反应有还原物质的氧化,使铂电极获得电子,或者是氧化物质的还原,使铂电极失去电子。这两种趋势同时存在,方向相反,最后铂电极的电位大小就取决于这两种趋势平衡的结果,一般采用氧化还原电位计或酸度计测出电位差值,根据饱和甘汞电极在不同温度时的电位值,可以算出铂电极的电位,即土壤的氧化还原电位,用 Eh 表示。

3.10.3 仪　器

pHS-29 型酸度计,铂电极,饱和甘汞电极,温度计。

3.10.4 操作步骤

用 pHS-29 型酸度计在田间测定土壤的氧化还原电位时,一般采用直流电源,在实验室内则用交流电源。其具体步骤如下:

(1) 转动选择开关,如用直流电源应转到 DC 的位置,用交流电源则应转到 AC 的位置。

(2) 将 pH-mV 转换开关拨到"mV"处。

(3) 调节零点电位器,使电计的指针指在 0mV 处(下刻度)。

(4) 将铂电极的接线片接正极,饱和甘汞电极的接线片接负极。把两支电极小心地插入待测的土壤中。

(5) 电极插入 1min 后按下读数开关,电计所指读数(下面的刻度)乘 100,即为待测的电位差值的毫伏数(mV)。

(6) 如果电计的指针反向偏转,则表明土壤的 Eh 值低于饱和甘汞的电位值,可把原来的电极接法反转过来,再按步骤重新测定。

仪器上的电位值读数是铂电极的电位(即土壤氧化还原电位)和饱和甘汞电极电位的差,土壤的电位值(Eh)需经计算才能得到。根据测定时的温度,从表 3-7 中查出饱和甘汞电极的电位,再按下式计算。

如以铂电极为正极,饱和甘汞电极为负极,则:

Eh 测出＝Eh 土壤－Eh 饱和甘汞电极

Eh 土壤＝Eh 饱和甘汞电极＋Eh 测出

表 3-7 饱和甘汞电极在不同温度时的电位

温度(℃)	电位(mV)	温度(℃)	电位(mV)	温度(℃)	电位(mV)
0	260	18	248	30	240
5	257	20	247	35	237
10	254	22	246	40	234
12	252	24	244	45	231
14	251	26	243	50	227
16	250	28	242		

如以甘汞电极为正极,铂电极为负极,则:

Eh 测出＝Eh 饱和甘汞电极－Eh 土壤

Eh 土壤＝Eh 饱和甘汞电极－Eh 测出

3.10.5 注意事项

(1) 土壤氧化还原电位最好在田间直接测定。如果要把土壤带回室内测定,必须用较大的容器采集原状土一块,立即用胶布或石蜡密封,速带回室内。打开容器后,先用小刀刮去表面 1cm 的土壤,马上插入电极进行测定。

由于土壤的不均一性和铂电极接触到土壤面积极小,因此,需要进行多点重复测定,取 Eh 的平均值。测定时的平衡时间对结果影响很大,在不影响结果的相对平衡时,一般在田间可规定电极插入土壤后 1min 读数,如发现指针不断移动,可以延长平衡时间,在 2～3min 甚至半小时以后再测定,但各重复点都要一样,并且把平衡时间在结果报告中注明。如果在相当长时间内(如半小时)还达不到较稳定的读数,则应重新处理铂电极或另换一支,并检查有无其他原因。

(2) 对不同土壤、不同土层或同一土层的不同部位进行系列比较测定时,用同一支铂电极测过 Eh 较高的土壤,再测 Eh 较低的土壤,结果会偏高;反之先测过 Eh 较低的土壤,再测 Eh 较高的土壤时,结果会偏低,而后一种情况可能影响更大些。因此,进行系列测定时,应估计 Eh 的变异范围,变异不大的最好也不用同一支铂电极测定,应分别用 n 支铂电极进行测定。产生上述测定结果偏高或偏低的情况,是铂电极表面性质的改变造成的滞后现象。

(3) 铂电极在使用前需经清洁处理,脱去电极表面的氧化膜。处理的方法是:配制 0.2M HCl~0.1M HCl 的溶液,加热至微沸,然后加入少量固体 Na_2SO_4(每 100mL 溶液中加 0.2g),搅匀后,将铂电极浸入,继续微沸 30min 即可。加热过程中应适当加水使溶液体积保存不变。如果电极用久表面很脏,可先用洗液或合成洗涤剂浸泡,然后再进行上述处理。

(4) 由于土壤的氧化还原平衡与酸碱度之间有着相当复杂的关系,它在一定程度上受氢离子浓度的影响,所以土壤的 Eh 值也因 pH 值不同而有一定的变化。为了消除 pH 值对 Eh 值的影响,使所测结果便于相互比较,要经 pH 值校正。一般以 pH=7 为标准,按氢体系的理论值 $\Delta Eh/\Delta pH=-60mV(30℃)$,pH 值每上升一个单位,Eh 要下降 60mV 来进行校正。例如,一土壤在 pH=5 时测得的电位为 320mV(可用 Eh 5=320mV 表示),换算成 pH=7 时,电位就降为 200mV(可用 Eh7=200mV 表示)。但应指出,这种换算并不很正确,因为土壤中的氧化还原体系复杂,氢离子影响氧化还原平衡的方式各不相同,不仅是不同的土壤,甚至同一土壤在氧化还原过程的不同阶段都有不同的 $\Delta Eh/\Delta pH$ 关系。因此,可以采取 Eh 值和 pH 值并列的表示方法,表明土壤在某一 pH 值时的氧化还原电位值。

(5) 在田间测定时,如为较干燥的旱地土壤,电极与土体不易紧密接触,会影响测定结果。可以先喷洒一些蒸馏水湿润土壤,稍停片刻后再进行测定。

第4章 土壤中的元素分析

4.1 土壤溶液组成的测定

4.1.1 实验目的

土壤溶液是土壤中水分及其所含溶质的总称,土壤溶液中的溶解物质包括离子态、分子态和胶体状态。本实验土壤溶液组成测定主要是测定土壤溶液中的可溶离子。本实验要求掌握用高速离心提取土壤溶液和用仪器分析方法测定土壤溶液的离子组成。

4.1.2 实验原理

在高速离心机上离心,将湿土的液相与固相分离,用高效液相色谱仪测定液相部分的阴离子含量;用等离子光谱仪测定其阳离子含量。

4.1.3 仪器与试剂

(1) 样品管:长 50mm,底部有一直径为 1.5mm 小孔的聚丙烯离心管(25mL)。
(2) 集液管:长 25mm,容积 25mL 的聚丙烯管,可装于样品管底部。
(3) Whatman No.42 型滤纸。以上 3 用品按图 4-1 装置。
(4) 高速离心机:最高转速为 20 000r/min。
(5) 高效液相色谱仪及离子柱。
(6) 等离子光谱仪。
(7) SO_4^{2-}、F^-、Cl^-、NO_3^-、PO_4^{3-}、K^+、Na^+、Ca^{2+}、Mg^{2+}、Fe^{3+}、Mn^{2+}、Al^{3+} 离子标样。

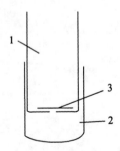

图 4-1 实验装置示意图

4.1.4 实验步骤

1) 测定土壤含水量

取田间湿土于已知重量的铝盒中,测 105℃烘箱中烘干,称重,计算土壤含水量。

2) 土壤溶液的分离

将田间湿土装在样品管中(干土则按田间持水量先加入去离子水并平衡 24h),称重。在天平上平衡后对称放入高速离心机中(重量相差小于 0.01g,用 10 000r/min 的速度离心 1h。再将集液管中的溶液移入干燥小瓶中,立即测定溶液的离子组成。重称盛土的样品管重,计算土壤水的提取百分数。

3) 溶液组成的测定

(1) 用高效液相色谱仪(DIONEX16 型)测定 F^-、SO_4^{2-}、Cl^-、NO_3^- 等阴离子。测试条件是:洗脱液为 0.002 4mol/L Na_2CO_3 和 0.003mol/L $NaHCO_3$ 溶液,分离柱为阴离子 SO_4 型。泵速为 92mL/h,标准溶液按表 4-1 配制。

表 4-1 土壤溶液中阴离子组成测定的标准溶液($\mu mol/L$)

标液号	F^-	SO_4^{2-}	Cl^-	NO_3^-
1	0	0	0	0
2	10	100	200	200
3	30	300	600	600
4	50	500	1 000	1 000

(2) 用等离子光谱法(多道)测定磷(P)和 Ca^{2+}、Mg^{2+}、K^+、Na^+、Fe^{3+}、Mn^{2+}、Al^{3+} 阳离子。测试方法参见仪器使用说明,标准溶液采取两点定标:一点为纯去离子水;另一点按含 K^+、Na^+ 500$\mu mol/L$,Ca^{2+}、Mg^{2+} 1 000$\mu mol/L$,Fe^{3+}、Al^{3+}、Mn^{2+} 100$\mu mol/L$,PO_4^{3-} 50$\mu mol/L$ 混合配制。

4.1.5 注意事项

(1) 提取土壤溶液所用高速离心机的转速在 10 000r/min 以上,须注意离心管的材料硬度是否能够承受。

(2) 对称放置的盛样离心管须重量相等(相差小于 0.01g),离心期间应保持平衡,且不能过重。

(3) 离心机转孔中的杂物须去除干净,以确保平衡。

(4) 提取出的土壤溶液应立即测定,否则组成成分可能会发生改变。

(5) 影响土壤溶液组成的因素很多,包括生物、气压、施肥、灌溉、降雨、蒸发、地下水和毛管水运动、土壤矿物质组成及其对盐溶液的吸附等。研究土壤溶液的组成要以动态观点考虑各成分间的相互影响。

(6) 对离心速度和时间都不宜作较大改动。

4.2 土壤中磷的测定

土壤全磷指土壤中磷元素的总储量,一般分为有机磷和无机磷。土壤全磷大部分是无机磷,无机磷约占全磷的 50%~90%。土壤无机态磷主要为正磷酸盐,以吸附态和固体矿物态存在于土壤中。由各种难溶性矿物组成,如磷灰石、磷灰土、绿铁矿、蓝铁矿、磷酸铁、磷酸铝等。土壤中的有机态磷,由施入土壤中的有机肥料和植物残体合成的磷脂、核酸、核蛋白、植物素等组成。土壤全磷的测定包括难溶性磷和易溶性磷。土壤全磷并不说明土壤能供给植物可吸收磷的程度,但可得出逐渐利用磷的储量,还可作为施磷肥和制订肥料区划的科学依据。通过本实验掌握磷的比色分析法。

4.2.1 土壤样品的分解和溶液中磷的测定

土壤全磷测定要求把无机磷全部溶解,同时把有机磷氧化成无机磷,因此,全磷的测定分二步:第一步是样品的分解;第二步是溶液中磷的测定。

4.2.1.1 土壤样品的分解

样品分解有 $NaCO_3$ 熔融法、$HClO_4$ - H_2SO_4 消煮法、HF - $HClO_4$ 消煮法等。目前 $HClO_4$ - H_2SO_4 消煮法应用最普遍,因为操作方便,又不需要白金坩埚。虽然 $HClO_4$ - H_2SO_4 消煮法不及 $NaCO_3$ 熔融法样品分解完全,但其分解率已达到全磷分析的要求。$NaCO_3$ 熔融法虽然操作手续较繁,但样品分解完全,仍是全磷测定分解的标准方法。目前我国已将 NaOH 碱熔钼锑抗比色法列为国家标准法。样品可在银或镍坩埚中用 NaOH 熔融法,是分解土壤全磷(或全钾)比较完全和简便的方法。

4.2.1.2 溶液中磷的测定

(1)一般用磷钼蓝比色法测定溶液中的磷。多年来,人们对钼蓝比色法进行了大量的研究工作,特别是在还原剂的选用上有了很大改革。最早常用的还原剂有氯化亚锡、亚硫酸氢钠等,以后采用有机还原剂如 1,2,4 -胺基萘酚磺酸、硫酸联氨、抗坏血酸等,目前应用较普遍的是钼锑抗混合试剂。

还原剂中的氯化亚锡的灵敏度最高,显色快,但颜色不稳定。土壤速效磷的速测方法仍多用氯化亚锡作为还原剂。抗坏血酸是近年被广泛应用的一种还原剂,其主要优点是生成的颜色稳定,干扰离子的影响较小,适用范围较广,但显色慢,需要加温。如果溶液中有一定的三价锑存在时,则大大加快了抗坏血酸的还原反应,在室温下也能显色。

(2)加钼酸铵于含磷的溶液中,在一定酸度条件下,溶液中的正磷酸与钼酸络合形成磷钼杂多酸。

$$H_3PO_4 + 12H_2MoO_4 = H_3[PMo_{12}O_{40}] + 12H_2O$$

杂多酸是由两种以上简单分子的酸组成的复杂多元酸,是一类特殊的配合物。在分析化学中,主要是在酸性溶液中利用 H_3PO_4 或 H_4SiO_4 等作为原酸,提供整个配合阳离子的中心体，再加钼酸根配位使其生成相应的12-钼杂多酸，然后再进行光度法、容量法或重量法测定。

磷钼酸的铵盐不溶于水，因此，在过量铵离子存在下，同时磷的浓度较高，即生成黄色沉淀磷钼酸铵$(NH_4)_3[PMo_{12}O_{40}]$，这是质量法和容量法的基础。当少量磷存在时，加钼酸铵则不产生沉淀，仅使溶液略现黄色$[PMo_{12}O_{40}]^{3-}$，其吸光度很低，加入NH_4VO_3就生成磷钒钼杂多酸。磷钒钼杂多酸是由正磷酸、钒酸和钼酸3种酸组合而成的杂多酸，称为三元杂多酸$H_3(PMo_{11}VO_{40})·nH_2O$。根据这个化学式，可以认为，磷钒钼酸是用一个钒酸根取代12-钼磷酸分子中的一个钼酸的结果。三元杂多酸比磷钼酸具有更强的吸光作用，亦即有较高的吸光度，这是钒钼黄法测定的依据。但在磷较少的情况下，一般都用更灵敏的钼蓝法，即在适宜试剂浓度下，加入适当的还原剂，使磷钼酸中的一部分Mo^{6+}离子被还原为Mo^{5+}，生成一种叫做"钼蓝"的物质，这是钼蓝比色法的基础。蓝色产生的速度、强度、稳定性等与还原剂的种类、试剂的适宜浓度特别是酸度以及干扰离子等有关。

4.2.1.3 还原剂的种类

对于杂多酸还原的产物——钼蓝及其机理，虽然有很多人作过研究，但意见不一致。目前，一般认为，杂多酸的蓝色还原产物是由Mo^{6+}和原子构成，仍维持12-钼磷酸的原有结构不变，且Mo^{5+}不再进一步被还原。一般认为，磷钼杂多蓝的组成可能为$H_3PO_4·10MoO_3·Mo_2O_5$或$H_3PO_4·8MoO_3·2Mo_2O_5$，说明杂多酸阳离子中有2个或4个Mo^{6+}被还原到Mo^{5+}（有的书上把磷钼杂多蓝的组成写成$H_3PO_4·10MoO_3·2MoO_2$，这样钼原子似乎被还原到四价，这是不大可能的）。

与钒相似，锑也能与磷钼酸反应生成磷锑钼三元杂多酸，其组成为P∶Sb∶Mo=1∶2∶12，此磷锑钼三元杂多酸在室温下能迅速被抗坏血酸还原为蓝色的络合物，而且还原剂与钼试剂配成单一溶液，一次加入，简化了操作手续，有利于测定方法的自动化。

H_3PO_4、H_3AsO_4和H_3SiO_4都能与钼酸结合生成杂多酸，在磷的测定中，硅的干扰可以控制酸度抑制之。磷钼杂多酸在较高酸度下形成（0.4~0.8mol/L，H^+），而硅钼酸则在较低酸度下生成；对于砷的干扰则比较难克服，所幸土壤中砷的含量很低，而且砷钼酸的还原速度较慢，灵敏度较磷低，在一般情况下，不致于影响磷的测定结果。但在使用农药砒霜量，要注意砷的干扰影响。在这种情况下，在未加钼试剂之前将砷还原成亚砷酸而克服之。

在磷的比色测定中，Fe^{3+}也是一种干扰离子，它将影响溶液的氧化还原势，抑制蓝色的生成。在用$SnCl_2$作还原剂时，溶液中的Fe^{3+}不能超过20mg/kg，因此，在过去全磷分析中，样品分解强调用$NaCO_3$熔融或$HClO_4$消化，进入溶液的Fe^{3+}较少。但用抗坏血酸作还原剂，Fe^{3+}含量即使超过400mg/kg，仍不致于产生干扰影响。因为抗坏血酸能与Fe^{3+}络合，保持溶液的氧化还原势。因此，磷的钼蓝比色法中，抗坏血酸作为还原剂已被广泛采用。

钼蓝显色是在适宜的试剂浓度下进行的。不同的方法所要求的适宜试剂浓度不同。

所谓试剂的适宜浓度是指酸度。钼酸铵浓度以及还原剂用量要适宜,使一定浓度的磷产生最深、最稳定的蓝色。磷钼杂多酸是在一定的酸度条件下生成,过酸与不足均会影响结果。因此,在磷的钼蓝比色测定中酸度的控制最为重要。不同的方法有不同的酸度范围。现将常用的3种钼蓝法的工作范围和各种试剂在比色液中的最终浓度列于表4-2。

表4-2 3种钼蓝法的工作范围和试剂浓度

项　　目	$SnCl_2 - H_2SO_4$ 体系	$SnCl_2 - HCl$ 体系	钼锑抗体系
工作范围(mg/kg,P)	0.02~1.0	0.05~2	0.01~0.6
显色时间(min)	5~15	5~15	30~60
稳定性	15 min	20 min	8h*
最后显色酸度($mol/L, H^+$)	0.39~0.40	0.6~0.7	035~0.55
显色适宜温度(℃)	20~25	20~25	20~60
钼酸铵(g/L)	1.0	3.0	抗坏血酸 0.8~1.5
还原剂(g/L)	0.07	0.12	酒石酸氧锑钾 0.024~0.05

* 见《土壤农业化学常规分析方法》. 北京:科学出版社,1983. 96.

上述3种方法中 $SnCl_2 - H_2SO_4$ 体系最灵敏,钼锑抗-硫酸体系的灵敏度接近 $SnCl_2 - H_2SO_4$ 体系的,而显色稳定,受干扰离子的影响亦较小,更重要的是还原剂与钼试剂配成单一溶液,一次加入,简化了操作手续,有利于测定方法的自动化。因此,目前钼锑抗-硫酸体系被广泛采用。

4.2.2　土壤全磷测定方法之一——$HClO_4 - H_2SO_4$ 法

4.2.2.1　方法原理

用高氯酸分解样品,因为它既是一种强酸,又是一种强氧化剂,能氧化有机质,分解矿物质,而且高氯酸的脱水作用很强,有助于胶状硅的脱水,并能与 Fe^{3+} 络合,在灰的比色测定中抑制了硅和铁的干扰。硫酸的存在提高了消化液的温度,同时防止消化过程中溶液被蒸干,以利消化作用的顺利进行。本法用于一般土壤样品的分解率达97%~98%,但对红壤性土壤样品的分解率只有95%左右。溶液中磷的测定采用钼锑抗比色法。

4.2.2.2　主要仪器

721型分光光度计,LNK-872型红外消化炉。

4.2.2.3　试剂

(1)浓硫酸($H_2SO_4, \rho \approx 1.84g/cm$,分析纯)。

(2)高氯酸[$CO(HClO_4) \approx 70\% \sim 72\%$,分析纯]。

(3)2,6-二硝基酚或2,4-二硝基酚指示剂溶液:溶解二硝基酚0.25g于100mL水中。此指示剂的变色点约为 pH=3,酸性时无色,碱性时呈黄色。

(4) 4mol/L 氢氧化钠溶液:溶解 NaOH 16g 于 100mL 水中。

(5) 2mol/L($1/2H_2SO_4$)溶液:吸取浓硫酸 6mL,缓缓加入 80mL 水中,边加边搅动,冷却后加水至 100mL。

(6) 钼锑抗试剂:①5g/L 酒石酸氧锑钾溶液:取酒石酸氧锑钾[$K(SbO)C_4H_4O_6$] 0.5g,溶解于 100mL 水中。②钼酸铵-硫酸溶液:称取钼酸铵[$(NH_4)_6Mo_7O_{24} \cdot 4H_2O$] 10g,溶于 450mL 水中,缓慢地加入 153mL 浓 H_2SO_4,边加边搅动。再将上述①溶液加入到②溶液中,最后加水至 1L。充分摇匀,储存于棕色瓶中,此为钼锑混合液。

临用前(当天),称取左旋抗坏血酸($C_6H_8O_6$,化学纯)1.5g,溶于 100mL 钼锑混合液中,混匀,此即钼锑抗试剂。有效期为 24h,如藏冰箱中则有效期较长。此试剂中 H_2SO_4 为 5.5mol/L(H^+),钼酸铵为 10g/L,酒石酸氧锑钾为 0.5g/L,抗坏血酸为 1.5g/L。

(7) 磷标准溶液:准确称取在 105℃ 烘箱中烘干的 KH_2PO_4(分析纯)0.219 5g,溶解在 400mL 水中,加浓 H_2SO_4 5mL(加 H_2SO_4 防长霉菌,可使溶液长期保存),转入 1L 容量瓶中,加水至刻度。此溶液为 50μg/mL 磷标准溶液。吸取上述磷标准溶液 25mL,即为 5g/mL 磷标准溶液(此溶液不宜久存)。

4.2.2.4 操作步骤

1) 待测液的制备

准确称取通过 100 目筛子的风干土样 0.500 0～1.000 0g[①],置于 50mL 开氏瓶(或 100mL 消化管)中,以少量水湿润后,加浓 H_2SO_4 8mL,摇匀后,再加 70%～72% $HClO_4$ 10 滴,摇匀,瓶口上加一个小漏斗,置于电炉上加热消煮(至溶液开始转白后继续消煮) 20min。全部消煮时间为 40～60min。在样品分解的同时做一个空白试验,即所用试剂同上,但不加土样,同样消煮得空白消煮液。

将冷却后的消煮液倒入 100mL 容量瓶中(容量瓶中事先盛水 30～40mL),用水冲洗开氏瓶(用水应根据少量多次的原则),轻轻摇动容量瓶,待完全冷却后,加水定容。静置过夜,次日小心地吸取上层澄清液进行磷的测定;或者用干的定量滤纸过滤,将滤液接收在 100mL 干燥的三角瓶中待测定。

2) 测定

吸取澄清液或滤液 5mL[对含 P,0.56g/kg 以下的样品可吸取 10mL),以含磷(P)在 20～30μg 为最好]注入 50mL 容量瓶中,用水冲稀至 30mL,加二硝基酚指示剂 2 滴,滴加 4mol/L NaOH 溶液直至溶液变为黄色,再加 2mol/L($1/2H_2SO_4$)溶液 1 滴,使溶液的黄色刚刚褪去(这里不用 NH_4OH 调节酸度,因消煮液酸浓度增大,需要较多碱去中和,而 NH_4OH 浓度如超过 10g/L 就会使钼蓝色迅速消退)。然后加钼锑抗试剂 5mL,再加水

[①] 最后显色溶液中含磷量在 20～30μg 为最好。控制磷的浓度主要通过称取量或最后显色时吸取待测液的毫升数。

定容 50mL，摇匀。30min 后，用 880nm 或 700nm 波长进行比色①，以空白液的透光率为 100(或吸光度为 0)，读出测定液的透光度或吸收值。

3) 标准曲线

准确吸取 5μg/mL，磷标准溶液 0mL、1mL、2mL、4mL、6mL、8mL、10mL，分别放入 50mL 容量瓶中，加水至约 30mL，再加空白试验定容后的消煮液 5mL，调节溶液 pH 值为 3，然后加钼锑抗试剂 5mL，最后用水定容至 50mL。30min 后开始进行比色。各瓶比色液磷的浓度分别为 0μg/mL、0.1μg/mL、0.2μg/mL、0.4μg/mL、0.6μg/mL、0.8μg/mL、1.0μg/mL。

4.2.2.5 结果计算

从标准曲线上查得待测液的磷含量后，可按下式进行计算：

$$土壤全磷(P)量(g/kg) = \rho \times \frac{V}{m} \times \frac{V_2}{V_1} \times 10^{-3}$$

式中：ρ 为待测液中磷的质量浓度(g/kg)；V 为样品制备溶液的 mL 数；m 为烘干土质量(g)；V_1 为吸取滤液 mL 数；V_2 为显色的溶液体积(mL)；10^{-3} 为将 μg 数换算成的 g/kg 乘数。

4.2.3 土壤全磷测定方法之二——NaOH 熔融-钼锑抗比色法

土壤硅酸盐的溶解度取决于硅和金属元素的比例以及金属元素的碱度。硅和金属元素的比例愈小，金属元素的碱性愈强，则硅酸盐的溶解度愈大，用 NaOH 熔化土样，即增加样品中碱金属的比例，保证熔解物能为酸所分解，直至能溶解于水中。溶液中磷的测定用钼锑抗法。

下面引用国家标准法 GB 8937-1988《土壤全磷测定法》氢氧化钠熔融-钼锑抗比色法。

4.2.3.1 适用范围

本标准适用于测定各类土壤全磷含量。

4.2.3.2 方法原理

土壤样品与氢氧化钠熔融，使土壤中含磷矿物及有机磷化合物全部转化为可溶性的正磷酸盐，用水和稀硫酸溶解熔块，在规定条件下样品溶液与钼锑抗显色剂发生反应，生成磷钼蓝，用分光光度法定量测定。

4.2.3.3 仪器设备

(1) 土壤样品粉碎机。

(2) 土壤筛，孔径 1mm 和 0.149mm。

---

① 本法钼蓝显色液比色时用 880nm 波长比 700nm 更灵敏，一般分光光度计为 721 型，只能选 700nm 波长。

(3)分析天平,可精确至 0.000 1g。

(4)镍(或银)坩埚,容量≥30mL。

(5)高温电炉,温度可调(0～100℃)。

(6)分光光度计,要求包括 700nm 波长。

(7)容量瓶 50mL、100mL、1 000mL。

(8)移液管 5mL、10mL、15mL、20mL。

(9)漏斗直径 7cm。

(10)烧杯 150mL、100mL。

(11)玛瑙研钵。

4.2.3.4 试剂

所有试剂,除注明外,皆为分析纯,水均指蒸馏水或去离子水。

(1)氢氧化钠(GB620)

(2)无水乙醇(GB678)

(3)100g/L 碳酸钠溶液:10g 无水碳酸钠(GB 639)溶于水后,稀释至 100mL,摇匀。

(4)50mL/L 硫酸溶液:吸取 5mL 浓硫酸(GB 625,95.0%～98.0%,比重 1.84)缓缓加入 90mL 水中,冷却后加水至 100mL。

(5)3mol/L H_2SO_4 溶液:量取 160mL 浓硫酸缓缓加入到盛有 800mL 左右水的大烧杯中,不断搅拌,冷却后,再加水至 1 000mL。

(6)二硝基酚指示剂:称取 0.2g 2,6-二硝基酚溶于 100mL 水中。

(7)5g/L 酒石酸锑钾溶液:称取化学纯酒石酸锑钾 0.5g 溶于 100mL 水中。

(8)硫酸钼锑储备液:量取 126mL 浓硫酸,缓缓加入到 400mL 水中,不断搅拌,冷却。另称取经磨细的钼酸铵(GB 657)10g 溶于温度约 60℃ 的 300mL 水中,冷却。然后将硫酸溶液缓缓倒入钼酸铵溶液中,再加入 5g/L 酒石酸锑钾溶液 100mL,冷却后,加水稀释至 1 000mL,摇匀,储存于棕色试剂瓶中,此储备液含 10g/L 钼酸铵,2.25mol/L H_2SO_4。

(9)钼锑抗显色剂:称取 1.5g 抗坏血酸(左旋,旋光度＋21°～22°)溶于 100mL 钼锑储备液中。此溶液有效期不长,宜用时现配。

(10)磷标准储备液:准确称取经 105℃ 下烘干 2h 的磷酸二氢钾(GB1274,优级纯)0.439 0g,用水溶解后,加入 5mL 浓硫酸,然后加水定容至 1 000mL,该溶液含磷 100mg/L,放入冰箱可供长期使用。

(11)5mg/L 磷(P)标准溶液:准确吸取 5mL 磷储备液,放入 100mL 容量瓶中,加水定容。该溶液用时现配。

(12)无磷定量滤纸。

4.2.3.5 土壤样品制备

取通过 1mm 孔径筛的风干土样在牛皮纸上铺成薄层,划分成许多小方格。用小勺在每个方格中提出等量土样(总量不少于 20g)于玛瑙研钵中进一步研磨使其全部通过

0.149mm孔径筛。混匀后装入磨口瓶中备用。

4.2.3.6 操作步骤

（1）熔样。准确称取风干样品 0.25g，精确到 0.000 1g，小心放入镍（或银）坩埚底部，切勿粘在壁上，加入无水乙醇 3～4 滴，湿润样品，在样品上平铺 2g 氢氧化钠，将坩埚（处理大批样品时，暂放入大干燥器中以防吸潮）放入高温电炉，升温。当温度升至 400℃ 左右时，切断电源，暂停 15min。然后继续升温至 720℃，并保持 15min，取出冷却，加入约 80℃的水 10mL 和用水多次洗坩埚，洗涤液也一并移入该容量瓶，冷却，定容，用无磷定量滤纸过滤或离心澄清，同时做空白试验。

（2）绘制校准曲线。分别准确吸取 5mg/L 磷（P）标准溶液 0mL、2mL、4mL、6mL、8mL、10mL 于 50mL 容量瓶中，同时加入与显色测定所用的样品溶液等体积的空白溶液二硝基酚指示剂 2～3 滴，并用 100g/L 碳酸钠溶液或 50mL/L 硫酸溶液调节溶液至刚呈微黄色，准确加入钼锑抗显色剂 5mL，摇匀，加水定容，即得含磷（P）量分别为 0.0mg/L、0.2mg/L、0.4mg/L、0.8mg/L、1.0mg/L 的标准溶液系列。摇匀，于 15℃以上温度放置 30min 后，在波长 700nm 处，测定其吸光度，在方格坐标纸上以吸光度为纵坐标，磷浓度（mg/L）为横坐标，绘制校准曲线。

（3）样品溶液中磷的定量。

①显色：准确吸取待测样品溶液 2～10 mL（含磷 0.04～1.0μg）于 50 mL 容量瓶中，用水稀释至总体积约 3/5 处，加入二硝基酚指示剂 2～3 滴，并用 100g/L 碳酸钠溶液或 50mL/L 硫酸溶液调节溶液至刚呈微黄色，准确加入 5mL 钼锑抗显色剂，摇匀，加水定容，室温 15℃以上，放置 30min。

②比色：显色的样品溶液在分光光度计上，用 700nm、1cm 光径比色皿，以空白试验为参比液调节仪器零点，进行比色测定，读取吸光度，从校准曲线上查得相应的含磷量。

4.2.3.7 结果计算

$$\text{土壤全磷(P)含量(g/kg)} = \rho \times \frac{V_1}{m} \times \frac{V_2}{V_3} \times 10^{-3} \times \frac{100}{100-H}$$

式中：ρ 为从校准曲线上查得待测样品溶液中磷的质量浓度（g/kg）；m 为称样质量（g）；V_1 为样品熔后的定容体积（mL）；V_2 为显色时溶液定容的体积（mL）；10^{-3} 为将 mg/L 浓度单位换算成的 kg 质量的换算因素；$100/(100-H)$ 为将风干土变换为烘干土的转换因数；H 为风干土中水分含量百分数。

用两平行测定的结果的算术平均值表示，小数点后保留三位。

允许差：平行测定结果的绝对相差，不得超过 0.05g/kg。

4.3 土壤中氮的测定

4.3.1 土壤全氮量的测定方法概述

测定土壤全氮量的方法主要可分为干烧法和湿烧法两类。

干烧法是杜马斯(Dumas)于1831年创立的,又称为杜氏法。其基本过程是把样品放在燃烧管中,以600℃以上的高温与氧化铜一起燃烧,燃烧时通以净化的CO_2气,燃烧过程中产生的氧化亚氮(主要是N_2O)气体通过灼热的铜还原为氮气(N_2),产生的CO则通过氧化铜转化为CO_2,使N_2和CO_2的混合气体通过浓的氢氧化钾溶液,以除去CO_2,然后在氮素计中测定氮气体积。杜氏法不仅费时,而且操作复杂,需要专门的仪器,但是一般认为与湿烧法比较,干烧法测定的氮较为完全。

湿烧法就是常用的开氏法。这个方法是丹麦人开道尔(Kjeldahl)于1883年用于研究蛋白质的变化,后来被用来测定各种形态的有机氮。由于设备比较简单易得,结果可靠,为一般实验室所采用。此方法的主要原理是用浓硫酸消煮,借催化剂和增温剂等加速有机质的分解,并使有机氮转化为氨进入溶液,最后用标准酸滴定蒸馏出的氨。此方法进行了许多改进,一是用更有效的加速剂缩短消化时间;二是改进了氨的蒸馏和测定方法,以提高测定效率。在开氏法中,通常都用加速剂来加速消煮过程。加速剂的成分按其效用的不同,可分为增温剂、催化剂和氧化剂3类。

常用的增温剂主要是硫酸钾和硫酸钠。在消煮过程中温度起着重要作用。消煮时的温度要求控制在360~410℃之间,如果低于360℃,消化不容易完全,特别是杂环氮化合物不易分解,使结果偏低,高于410℃则容易引起氨的损失。温度的高低受加入硫酸钾的量所控制,如果加入的硫酸钾较少(每毫克硫酸加硫酸钾0.3g),则需要较长的时间才能消化完全。如果加入的硫酸钾较多,则消化的时间可以大大缩短,但当盐的质量浓度超过0.8g/mL时,则消化完毕后,内容物冷却结块,给操作带来一些困难。因此,消煮过程中盐的浓度应控制在0.35~0.45g/mL,在消煮过程中如果硫酸消耗过多,则将影响盐的浓度,一般在开氏瓶口插入一小漏斗,以减少硫酸的损失。

开氏法中应用的催化剂种类很多。事实上多年来人们致力于开氏法的改进,多数集中在催化剂的研究上。目前应用的催化剂主要有Hg、HgO、$CuSO_4$、$FeSO_4$、Se、TiO_2等,其中以$CuSO_4$和Se混合使用最普遍。

Hg和Se的催化能力都很强,但在测定的过程中,Se会带来一些操作上的困难。因为HgO能与铵结合生成汞-铵复合物。这些包含在复合物中的铵,加碱蒸馏不出来,因此,在蒸馏之前,必须加硫代硫酸钠将汞沉淀出来。

$$HgO + (NH_4)_2SO_4 = [Hg(NH_3)_2]SO_4 + H_2O$$

$$[Hg(NH_3)_2]SO_4 + Na_2S_2O_3 + H_2O = HgS + Na_2SO_4 + (NH_4)_2SO_4$$

产生的黑色沉淀（HgS）会使蒸馏器不易保持清洁，且汞有毒，污染环境，因此在开氏法中，人们不喜欢用汞作催化剂。

硒的催化作用最强，但必须注意，用硒粉作催化剂时，开氏瓶中溶液刚刚清澈并不表示所有的氮均已转化为铵。由于硒也有毒性，国际标准（ISO11261:1995）改用氧化钛（TiO_2）代替硒，其加速剂的组成和比例为 $K_2SO_4 : CuSO_4 \cdot 5H_2O : TiO_2 = 100 : 3 : 3$。

近年来氧化剂的使用特别是高氯酸又引起人们的重视。因为 $HClO_4 - H_2SO_4$ 的消煮液可以同时测定氮、磷等多种元素，有利于自动化装置的使用。但是，由于氧化剂的化学作用过于激烈，容易造成氮的损失，使测定结果很不稳定，所以它不是测定全氮的可靠方法。

目前在土壤全氮测定中，一般认为标准的开氏法为：称 1.0~10.0g 土样（常用量），加混合加速剂 K_2SO_4 10g，$CuSO_4$ 1.0g，Se 0.1g，再加浓硫酸 30mL，消煮 5h。为了缩短消煮时间和节省试剂，自 20 世纪 60 年代至今广泛采用半微量开氏法（0.2~1.0g 土样）。

开氏法测定的土壤全氮并不完全包括 $NO_3^- - N$ 和 $NO_2^- - N$，由于它们含量一般都比较低，对土壤全氮量的测定影响也小，因此可以忽略。但是，如果土壤中含有显著数量的 $NO_3^- - N$ 和 $NO_2^- - N$，则须用改进的开氏法。

消煮液中的氮以铵的形态存在，可以用蒸馏滴定法、扩散法或比色法等测定。最常用的是蒸馏滴定法，即加碱蒸馏，使氨释放出来，用硼酸溶液吸收，然后用标准酸滴定之。蒸馏设备用半微量蒸馏器，对于半微量蒸馏器，近年来也有不少研究和改进，现在除了用电炉加热和蒸汽加热各种单套半微量蒸馏器外，还有多套半微量蒸馏器联合装置，即一个蒸汽发生器可同时带 4 套定氮装置，既省电，又提高了功效，颇受科研工作者的欢迎。

扩散法是用扩散皿（即 Conway 皿）进行的。皿分为内、外两室（图 4-2），外室盛有消化液，内室盛硼酸溶液，加碱液于外室后，立即密封，使氨扩散到内室被硼酸溶液吸收，最后用标准酸滴定之。有人认为扩散法的准确度和精密度大致和蒸馏法相似，但扩散法设备简单，试剂用量少，操作简单，时间短，适于大批样品的分析。

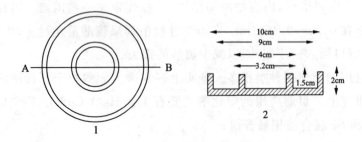

图 4-2 微量扩散皿
1.平面图；2.横断面图

比色法适用于自动装置，但自动比色分析应有一个比较灵活的显色反应。在显色反应中不应有沉淀、过滤等步骤。氨的比色分析，以靛酚蓝比色法最灵敏，干扰也较少。连续流动分析(CFA)中铵的分析采用靛酚蓝比色法。

土壤氮的测定是重要的常规测试项目之一。因此,许多国家都致力于研制氮素测定的自动、半自动分析仪。目前国内外已有不少型号的定氮仪。

利用干烧法原理研制的自动定氮仪,有的可进行许多样品的连续燃烧,使各样品的氮全部还原成氮气,彻底清除废气后,使氮气进入精确的注射管,自动测定其容量(μL),例如 Cole - man 29 - 29A 氮素自动分析仪以及德国的 N - A 型快速定氮仪;有的则不清除 CO_2,而同时将 N_2 和 CO_2 送入热导池探测器,利用 N_2 和 CO_2 的导热系数不同,同时测定 N_2 和 CO_2(例如 Leco Corporation, CR - 412, CHN600, CHN1000 型等)。

利用湿烧法的自动定氮仪,实际上是开氏法的组装,所用试剂药品也与开氏法相同。它可同时进行多个样品消煮,其蒸馏、滴定及结果的计算等步骤均系自动快速进行。分析结果能同时数字显示并打印出来。例如,近几年来进口的丹麦福斯-特卡托 1035/1038 型和德国 GERHARDT 的 VAP5/6 型自动定氮仪,能同时在密闭吸收系统里迅速消煮几十个样品,既快速又避免了环境污染。它的蒸馏、滴定虽然也是逐个进行,但每个样品从开始蒸馏到结果计算均自动显示并打印出来,用时只需 2min,而且样品送入可连续进行,大大提高了开氏法的分析速度。我国北京、上海、武汉等已有多个仪器厂家生产自动和半自动定氮仪并在常规实验室中广泛应用,如北京真空仪表厂生产的 DDY1-5 系列和北京思贝得机电技术研究所生产的 KDY - 9810/30 系列的自动、半自动定氮仪等。自动定氮仪的应用,可使实验室的分析向快速、准确、简便的自动化方向发展,适合现代分析工作的要求。

4.3.2 土壤全氮测定——半微量开氏法

4.3.2.1 方法原理

样品在加速剂的参与下,用浓硫酸消煮时,各种含氮有机物,经过复杂的高温分解反应,转化为氨与硫酸结合成硫酸铵。碱化后蒸馏出来的氨用硼酸吸收,以标准酸溶液滴定,求出土壤全氮量(不包括全部硝态氮)。

包括硝态和亚硝态氮的全氮测定,在样品消煮前,需先用高锰酸钾将样品中的亚硝态氮氧化为硝态氮后,再用还原铁粉使全部硝态氮还原,转化成铵态氮。

在高温下硫酸是一种强氧化剂,能氧化有机化合物中的碳,生成 CO_2,从而分解有机质。

$$2H_2SO_4 + C \rightarrow 2H_2O + 2SO_2\uparrow + CO_2\uparrow 高温$$

样品中的含氮有机化合物,如蛋白质在浓 H_2SO_4 的作用下,水解成为氨基酸,氨基酸又在 H_2SO_4 的脱氨作用下,还原成氨,氨与 H_2SO_4 结合成为硫酸铵留在溶液中。

Se 的催化过程如下:

$$2H_2SO_4 + Se \rightarrow H_2SeO_3 + 2SO_2\uparrow + H_2O$$
亚硒酸

$$H_2SeO_3 \rightarrow SeO_2 + H_2O$$
$$SeO_2 + C \rightarrow Se + CO_2$$

由于 Se 的催化效能高，一般常量法 Se 粉用量不超过 $0.1\sim0.2g$，如用量过多则将引起氮的损失。

$$(NH_4)_2SO_4 + H_2SeO_3 \rightarrow (NH_4)_2SeO_3 + H_2SO_4$$
$$3(NH_4)_2SeO_3 \rightarrow 2NH_3 + 3Se + 9H_2O + 2N_2 \uparrow$$

以 Se 作催化剂的消煮液，也不能用于氮磷联合测定。硒是一种有毒元素，在消化的过程中放出 H_2Se。H_2Se 的毒性较 H_2S 更大，易引起人中毒。所以实验室要有良好的通风设备，方可使用这种催化剂。

$$4CuSO_4 + 3C + 2H_2SO_4 \xrightarrow{\triangle} 2Cu_2SO_4 + 4SO_2\uparrow + 3CO_2\uparrow + 2H_2O$$
$$Cu_2SO_4 + 2H_2SO_4 \rightarrow 2CuSO_4 + 2H_2O + SO_2\uparrow$$
褐红色　　　　　　蓝绿色

当土壤中有机质分解完毕，碳质被氧化后，消煮液则呈现清澈的蓝绿色即"清亮"，因此，硫酸铜不仅起催化作用，也起指示作用。同时应该注意，开氏法刚刚清亮并不表示所有的氮均已转化为铵，有机杂环态氮还未完全转化为铵态氮，因此，消煮液清亮后仍需消煮一段时间，这个过程叫"后煮"。消煮液中硫酸铵加碱蒸馏，使氨逸出，以硼酸吸收之，然后用标准酸液滴定之。

蒸馏过程的反应：
$$(NH_4)_2SO_4 + 2NaOH \rightarrow Na_2SO_4 + 2NH_3 + 2H_2O$$
$$NH_3 + H_2O \rightarrow NH_4OH$$
$$NH_4OH + H_3BO_3 \rightarrow NH_4 \cdot H_2BO_3 + H_2O$$

滴定过程的反应：
$$2NH_4 \cdot H_2BO_3 + H_2SO_4 \rightarrow (NH_4)_2SO_4 + H_2O$$

4.3.2.2　主要仪器

消煮炉，半微量定氮蒸馏装置（图 4-3），半微量滴定管（5mL）。

4.3.2.3　试剂

(1) 硫酸。$\rho = 1.84 g/mL$，化学纯。

(2) 10mol/L NaOH 溶液。称取工业用固体 NaOH 420g，放于硬质玻璃烧杯中，加蒸馏水 400mL 溶解，不断搅拌，以防止烧杯底角固结，冷却后倒入塑料试剂瓶，加塞，防止吸收空气中的 CO_2，放置几天待 Na_2CO_3 沉降后，将清液虹吸入盛有约 160mL 无 CO_2 的水中，并以去 CO_2 的蒸馏水定容 1L 加盖橡皮塞。

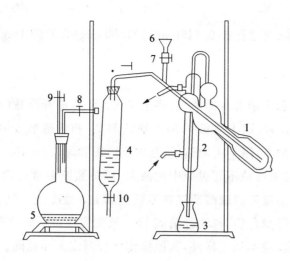

图 4-3 半微量蒸馏装置
1.蒸馏瓶；2.冷凝器；3.承受瓶；4.分水筒；5.蒸汽发生器；
6.加碱小漏斗；7、8、9.螺旋夹子；10.开关

(3)甲基红-溴甲酚绿混合指示剂。0.5g 溴甲酚绿和 0.1g 甲基红溶于 100mL 乙醇中[①]。

(4)20g/L H_2BO_3-指示剂。20g H_2BO_3(化学纯)溶于 1L 水中，每升 H_2BO_3 溶液中加入甲基红-溴甲酚绿混合指示剂 5mL，并用稀酸或稀碱调节至微紫红色，此时该溶液的 pH 值为 4.8。指示剂在用前与硼酸混合，此试剂宜现配，不宜久放。

(5)混合加速剂。K_2SO_4：$CuSO_4$：$Se=100$：10：1 即 100g K_2SO_4(化学纯)、10g $CuSO_4 \cdot 5H_2O$(化学纯)和 1g Se 粉混合研磨，通过 80 号筛充分混匀(注意戴口罩)，储存于塞瓶中。消煮时每毫升 H_2SO_4 加 0.37g 混合加速剂。

(6)0.02mol/L(1/2 H_2SO_4)标准溶液。量取 H_2SO_4(化学纯、无氮、$\rho=1.84$g/mL) 2.83mL，加水稀释至 5 000mL，然后用标准碱或硼砂标定之。

(7)0.01mol/L(1/2 H_2SO_4)标准液。将 0.02mol/L(1/2 H_2SO_4)标准溶液用水准确稀释 1 倍。

(8)高锰酸钾溶液。25g 高锰酸钾(分析纯)溶于 500mL 无离子水，储存于棕色瓶中。

(9)1：1 硫酸(化学纯、无氮、$\rho=1.84$g/mL)。硫酸与等体积水混合。

(10)还原铁粉。磨细通过孔径 0.15mm(100 号)筛。

(11)辛醇。

[①] 对于微量氮的滴定，还可以用另一更灵敏的混合指示剂，即 0.099g 溴甲酚绿和 0.066g 甲基红溶于 100mL 乙醇中。如要配制成 20g/L H_2BO_3 指示剂溶液：称取硼酸(分析纯)20g 溶于约 950mL 水中，加热搅动直至 H_2BO_3 溶解，冷却后，加入混合指示剂 20mL 混匀，并用稀酸或稀碱调节至紫红色(pH 约为 5)，加水稀释至 1L 混匀备用。宜现配。

4.3.2.4 测定步骤

(1) 称取风干土样（通过孔径 0.149mm 筛）1.000 0g（含氮约 1mg[a]），同时测定土样水分含量。

(2) 土样消煮：

① 不包括硝态氮和亚硝态氮的消煮：将土样送入干燥的开氏瓶（或消煮管）底部，加少量无离子水（0.5～1mL）湿润土样后[b]，加入加速剂 2g 和浓硫酸 5mL，摇匀，将开氏瓶倾斜置于 300W 变温电炉上，用小火加热，待瓶内反应缓和时（10～15min），加强火力使消煮的土液保持微沸，加热的部位不超过瓶中的液面，以防瓶壁温度过高而使铵盐受热分解，导致氮素损失。消煮的温度以硫酸蒸气在瓶颈上部 1/3 处冷凝回流为宜。待消煮液和土粒全部变为灰白色稍带绿色后，再继续消煮 1h。消煮完毕，冷却，待蒸馏。在消煮土样的同时，做两份空白测定，除不加土样外，其他操作皆与测定土样相同。

② 包括硝态氮和亚硝态氮的消煮：将土样送入干燥的开氏瓶（或消煮管）底部，加高锰酸钾溶液 1mL，摇动开氏瓶，缓缓加入 1∶1 硫酸 2mL，不断转动开氏瓶，然后放置 5min，再加入 1 滴辛醇。通过长颈漏斗将 0.5g（±0.01g）还原铁粉送入开氏瓶底部，瓶口盖上小漏斗，转动开氏瓶，使铁粉与酸接触，待剧烈反应停止时（约 5min），将开氏瓶置于电炉上缓缓加热 45min（瓶内土液应保持微沸，以不引起大量水分丢失为宜）。停火，待开氏瓶冷却后，通过长颈漏斗加加速剂 2g 和浓硫酸 5mL，摇匀。按上述①的步骤，消煮至土液全部变为黄绿色，再继续消煮 1h。消煮完毕，冷却，待蒸馏。在消煮土样的同时，做两份空白测定。

(3) 氨的蒸馏：

① 蒸馏前先检查蒸馏装置是否漏气，并通过水的馏出液将管道洗净。

② 待消煮液冷却后，用少量无离子水将消煮液定量地全部转入蒸馏器内，并用水洗涤开氏瓶 4～5 次（总用水量不超过 30～35mL）。若用半自动式自动定氮仪，不需要转移，可直接将消煮管放入定氮仪中蒸馏。

于 150mL 锥形瓶中，加入 20g/L H_2BO_3-指示剂混合液 5mL[c]，放在冷凝管末端，管口置于硼酸液面以上 3～4cm 处[d]。然后向蒸馏室内缓缓加入 10mol/L NaOH 溶液 20mL，通入蒸汽蒸馏，待馏出液体积约 50mL 时，即蒸馏完毕。用少量已调节至 pH=4.5

---

[a] 一般应使样品中的含氮量为 1.0～2.0mg，如果土壤含氮量在 2g/kg 以下，应称土样 1g；含氮量在 2.0～4.0g/kg，应称土样 0.5～1.0g；含氮量在 4.0g/kg 以上，应称土样 0.5g。

[b] 开氏法测定全氮样品必须磨细通过 100 孔筛，以使有机质能充分被氧化分解，对于黏质土壤样品，在消煮前需先加水湿润使土粒和有机质分散，以提高氮的测定效果。但对于砂质土壤样品，用水湿润与否并没有显著差别。

[c] 硼酸的浓度和用量以能满足吸收 NH_3 为宜，大致可按每毫升 10g/L H_2BO_3 能吸收氮（N）量为 0.46mg 计算，例如 20g/L H_2BO_3 溶液 5mL 最多可吸收的氮（N）量为 $5×2×0.46=4.6$(mg)。因此，可根据消煮液中的含氮量估计硼酸的用量，适当多加。

[d] 在半微量蒸馏中，冷凝管口不必插入硼酸液中，这样可防止倒吸减少洗涤手续。但在常量蒸馏中，由于含氮量较高，冷凝管须插入硼酸溶液中，以避免损失。

的水洗涤冷凝管的末端。

③用滴定馏出液由蓝绿色至刚变为红色时。记录所用酸标准溶液的体积(mL)。空白测定所用酸标准溶液的体积,一般不得超过 0.4mL。

4.3.2.5 结果计算

$$土壤全氮(N)量(g/kg) = \frac{(V-V_0) \times c(\frac{1}{2}H_2SO_4) \times 14.0 \times 10^{-3}}{m} \times 10^3$$

式中:V 为滴定试液时所用酸标准溶液的体积(mL);V_0 为滴定空白时所用酸标准溶液的体积(mL);c 为 0.01mol/L(1/2 H_2SO_4)或 HCl 标准溶液浓度;14.0 为氮原子的摩尔质量(g/mol);10^{-3} 为将 mL 换算为 L;m 为烘干土样的质量(g)。

两次平行测定结果允许绝对相差:土壤全氮量大于 1.0g/kg 时,不得超过 0.005%;含氮 1.0~0.6g/kg 时,不得超过 0.004%;含氮小于 0.6g/kg 时,不得超过 0.003%。

4.4 土壤中钾的测定

4.4.1 土壤样品的分解和溶液中钾的测定

土壤全钾的测定在操作上分为两步:一是样品的分解;二是溶液中钾的测定。土壤全钾样品的分解大体上可分为碱熔和酸溶两大类。较早采用的是 Lawrence Smith 提出的 $NH_4Cl-CaCO_3$ 碱熔法,因所用的熔剂纯度要求较高,样品用量大,KCl 易挥发损失,结果偏低,同时对坩埚的腐蚀性大,而且手续比较繁琐,目前已很少使用。HF-$HClO_4$ 法需用昂贵的铂坩埚,同时要求有良好的通风设备,即使这样,通风设备的腐蚀以及空气污染仍很严重,此法不易被人们接受。但目前已经可用密闭的聚四氟乙烯塑料坩埚代替,所制备的待测液也可同时测定多种元素,而且溶液中杂质较少,有利于各种元素分析,但是近年来已逐渐被 NaOH 熔融法所代替。采用 NaOH 熔融法不仅操作方便,分解也较为完全,而且可用银坩埚(或镍坩埚)代替铂坩埚,这是适用于一般实验室的好方法。同时所制备的同一待测液可以测定全磷和全钾。

溶液中钾的测定,一般可采用火焰光度法、亚硝酸钴钠法、四苯硼钠法和钾电极法。自从火焰光度计被普遍应用以来,钾和钠的测定主要用火焰光度法。因为钾和钠的化合物的溶解度都很大,用一般的质量法和容量法都不大理想。钾电极法用于土壤中钾的测定,由于各种干扰因素的影响还没有研究清楚,因此,它在土壤钾的测定中受到限制。目前化学方法中四苯硼钠法是比较好的方法。

4.4.2 土壤中全钾的测定方法——NaOH 熔融法和火焰光度法

4.4.2.1 方法原理

用 NaOH 熔融土壤与 Na_2CO_3 熔融土壤的原理是一样的,即增加盐基成分,促进硅酸盐的分解,以利于各种元素的溶解。NaOH熔点(321℃)比Na_2CO_3(853℃)低,可以在比较低的温度下分解土样,缩短熔化所需要的时间。样品经碱熔后,使难溶的硅酸盐分解成可溶性化合物,用酸溶解后可不经脱硅和去铁、铝等手续,稀释后即可直接用火焰光度法测定。

火焰光度法的基本原理。当样品溶液喷成雾状以气-液溶胶形式进入火焰后,溶剂蒸发掉而留下气-固溶胶,气-固溶胶中的固体颗粒在火焰中被熔化、蒸发为气体分子,继续加热即又分解为中性原子(基态),更进一步供给处于基态原子以足够能量,即可使基态原子的一个外层电子移至更高的能级(激发态),当这种电子回到低能级时,即有特定波长的光发射出来,成为该元素的特征之一。例如,钾原子线波长是766.4nm、769.8nm,钠原子线波长是589nm。用单色器或干涉型滤光片把元素发射的特定波长的光从其余辐射谱线中分离出来,直接照射到光电池或光电管上,把光能变为光电流,再由检流计量出电流的强度。用火焰光度法进行定量分析时,若激发的条件(可燃气体和压缩空气的供给速度、样品溶液的流速、溶液中其他物质的含量等)保持一定,则光电流的强度与被测元素的浓度成正比,则可用下式表示,即 $I=ac^b$,由于用火焰作为激发光源时较为稳定,式中 a 是常数,当浓度很低时,自吸收现象可忽略为计,此时 $b=1$,于是谱线强度与试样中欲测元素的浓度成正比关系:$I=ac$。

把测得的强度与一种标准或一系列标准的强度比较,即可直接确定待测元素的浓度而计算出未知溶液的含钾量(有关仪器的构造使用方法详见仪器说明书)。

4.4.2.2 主要仪器

高温电炉,银或镍坩埚或铁坩埚,火焰光度计或原子吸收分光光度计。

4.4.2.3 试剂

(1)无水酒精(分析纯)。

(2)H_2SO_4(1∶3)溶液。取浓H_2SO_4(分析纯)1体积缓缓注入3体积水中混合。

(3)HCl(1∶1)溶液。盐酸(HCl,$\rho\approx1.19g/mL$,分析纯)与水等体积混合。

(4)0.2mol/L H_2SO_4 溶液。

(5)100μg/mL K标准溶液。准确称取KCl(分析纯,110℃烘2h)0.190 7g溶解于水中,在容量瓶中定容至1L,储存于塑料瓶中。

吸取100μg/mL K标准溶液2mL、5mL、10mL、20mL、40mL、60mL,分别放入100mL容量瓶中加入与待测液中等量试剂成分,使标准溶液中离子成分与待测液相近[在配制标准系列溶液时应各加0.4g NaOH 和 H_2SO_4(1∶3)溶液1mL],用水定容到100mL。此为含钾 $\rho(K)$ 分别为 2μg/mL、5μg/mL、10μg/mL、20μg/mL、40μg/mL、60μg/mL 系列标准溶液。

4.4.2.4 操作步骤

(1)待测液制备。称取烘干土样(100目)约0.250 0g于银或镍坩埚底部,用无水酒精稍湿润样品,然后加固体 NaOH 2.0g①,平铺于土样的表面,暂放在大干燥器中,以防吸湿。

将坩埚加盖留一小缝放在高温电炉内,先以低温加热,然后逐渐升高至 450℃(这样可以避免坩埚内的 NaOH 和样品溢出),保持此温度 15min,熔融完毕②。如在普通电炉上加热时则待熔融物全部熔成流体时,摇动坩埚然后开始计算时间,15min 后熔融物呈均匀流体时,即可停止加热,转动坩埚,使熔融物均匀地附在坩埚壁上。

将坩埚冷却后,加入 10mL 水,加热至 80℃ 左右③,待熔块溶解后,再煮 5min,转入 50mL 容量瓶中,然后用少量 0.2mol/L H_2SO_4 溶液清洗数次,一起倒入容量瓶内,使总体积至约 40mL,再加 HCl(1∶1)溶液 5 滴和 H_2SO_4(1∶3)溶液 5mL④,用水定容,过滤。此待测液可供磷和钾的测定用。

(2)测定。吸取待测液 5.00mL 或 10.00mL 于 50mL 容量瓶中(K 的浓度控制在 10~30μg/mL),用水定容,直接在火焰光度计上测定,记录检流计的读数,然后从工作曲线上查得待测液的 K 浓度(μg/mL)。注意在测定完毕后,用蒸馏水在喷雾器下继续喷雾 5min,洗去多余的盐或酸,使喷雾器保持良好的使用状态。

(3)标准曲线的绘制。将配制的钾标准系列溶液,以浓度最大的一个定到火焰光度计上检流计的满度(100),然后从稀到浓依序进行测定,记录检流计的读数。以检流计读数为纵坐标,μg/mL K 为横坐标,绘制标准曲线图。

4.4.2.5　结果计算

$$\text{土壤全钾量}(K, g/kg) = \frac{\rho \times \text{测读液的定容体积} \times \text{分取倍数}}{m \times 10^6} \times 1000$$

式中:ρ 为从标准曲线上查得待测液中 K 的质量浓度(μg/mL);m 为烘干样品质量(g);10^6 为将 μg 换算成 g 的除数。

样品的含钾量等于 10g/kg 时,两次平行测定结果允许差为 0.5g/kg。

4.5　土壤中的微量元素(铜、铅、锌)的测定

4.5.1　土壤中铜、锌的测定

鉴于植物利用土壤中的锌是随土壤 pH 的减低而增加的趋势以及土壤中的可溶性锌与 pH 之间有一定的负相关的特点,最初,稀酸(如 0.1mol/L HCl)溶性锌或铜被广泛地用作土壤有效锌、铜的浸提。现在美国的一些地区也有用 Mehlich-Ⅰ(稀盐酸-硫酸双酸

---

① 土壤和 NaOH 的比例为 1∶8,当土样用量增加时,NaOH 用量也需相应增加。
② 熔块冷却后应凝结成淡蓝色或蓝绿色,如熔块呈棕黑色则表示还没有熔好,必须再熔一次。
③ 如在熔块还未完全冷却时加水,可不必再在电炉上加热至 80℃,放置一夜自溶解。
④ 加入 H_2SO_4 的量视 NaOH 用量多少而定,目的是中和多余的 NaOH,使溶液呈酸性(酸的浓度约 0.15mol/L H_2SO_4)而硅得以沉淀下来。

法)提取剂评价土壤的有效锌(Cox,1968;Reed 和 Martnns,1996)。应用稀酸提取剂时，必须考虑土壤的 pH，一般它们只适用于酸性土壤，而不适用于石灰性土壤。

同时提取测定多种微量元素甚至包括大量元素的提取剂选择的研究发现，用螯合剂提取土壤养分可以相对较好地评价多种土壤养分的供应状况。早期的有双酸脎提取土壤锌法；pH＝9 的 0.05mol/L EDTA(乙二胺四乙酸)及 pH＝7 的 0.07mol/L EDTA－1mol/L NH_4OAc 法等同时提取土壤锌、锰、铜的方法。Lindsay 和 Norvell(1969)提出，用溶液 pH＝7.3 的 DTPA[二乙基三胺五乙酸－TEA(三乙醇胺)方法(简称为 DTPA－TEA 方法]，同时提取石灰性土壤有效锌和铁。随后他们对该方法作了深入研究，指出了该法的理论基础和实用价值(Lindsay 和 Norvell,1978)。目前，该方法已经在国内外被广泛地用于中性和石灰性土壤有效锌、铁、铜和锰等的提取。此外，国外近年来常用的方法还有 pH＝7.6 的 0.005mol/L EDTA－1.0mol/L 碳酸氢铵(简称 DTPA－AB 法)，用于同时提取测定近中性和石灰性土壤的有效铜、铁、锰、锌和有效磷、钾、硝态氮等养分的含量(Soltanpour 等,1982；Soltanpour,1991)。该方法的理论基础与 DTPA－TEA 方法相近似，因此，要注意区分这两种方法。Mehlich(1984)提出的 Mehlich－Ⅲ 提取剂(含有 EDTA)，也被认为可以评价包括铜、锌在内的多种大量、微量元素，用 EDTA 法代替 DTPA，主要是因为 DTPA 会干扰提取液中磷的比色测定(Reed 和 Martens,1996)。

土壤有效锌、铜元素临界值的范围与提取方法及提取剂有关(表 4－3)。

表 4－3　几种不同浸提剂元素临界值　　　　　　　　　　(mg/kg)

浸提剂	DTPA－TEA	Mehlich Ⅰ－Ⅲ	DTPA－AB 或 0.1mol/L HCl
锌(Zn)	0.5～1.0	0.8～1.0	1.0～1.5
铜(Cu)	0.2	0.5*	0.3～0.5**

＊为 Mehlich－Ⅲ 法；＊＊为 DTPA－AB

需要指出的是，尽管提取剂的种类和试剂浓度相同，但各种资料中介绍提取方法的温度、时间、液土比不尽一致，这也导致测定结果的差异。另外，样品的磨细程度、土壤的干燥过程也会影响土壤铜、锌的有效含量(Leggett 和 Argyle,1983)。迄今为止，还没有合适的致使作物中毒的土壤有效铜、锌含量适宜范围(Sims 和 Johnson,1991)。

4.5.2　中性和石灰性土壤有效铜、锌的测定——DTPA－TEA 浸提－AAS 法

4.5.2.1　方法原理

DTPA 提取剂由 0.005mol/L DTPA(二乙基三胺五乙酸)、0.01mol/L $CaCl_2$ 和 0.1mol/L TEA(三乙醇胺)组成，溶液 pH 值为 7.30。DTPA 是金属螯合剂，它可以与很多金属离子(Zn、Mn、Cu、Fe)螯合，形成的螯合物具有很高的稳定性，从而减小了溶液中金属离子的活度，使土壤固相表面结合的金属离子解吸而补充到溶液中，因此，在溶液中

积累的螯合金属离子的量是土壤中金属离子的活度(强度因素)的总和。这两种因素对测定土壤养分的植物有效性十分重要。DTPA 能与溶液中的 Ca^{2+} 螯合,从而控制溶液中 Ca^{2+} 的浓度。当提取剂加入到土壤中、使土壤液保持在 pH 值为 7.3 左右时,大约有 3/4 的 TEA 被质子化($TEAH^+$),可将土壤中的代换态金属离子置换下来。在石灰性土壤中,则增加了溶液中 Ca^{2+} 的浓度,平均达 0.01mol/L 左右,进一步抑制了 $CaCO_3$ 的溶解,避免一些植物无效的包蔽态的微量元素释放出来。提取剂缓冲到 pH=7.3,Zn、Fe 等的 DTPA 螯合物最稳定。由于这种螯合反应达到平衡的时间很长,需要一星期甚至一个月,实验操作过程规定为 2h,实际是一个不平衡体系,提取量随时间的改变而改变,所以实验的操作条件必须标准化,如提取的时间、振荡强度、水土比例和提取温度等。DTPA 提取剂能成功地区分土壤是否缺 Zn 和缺 Fe,也被认为是土壤有效铜和锰浸提测定的有效的方法。

提取液中的 Zn、Cu 等元素可直接用原子吸收分光光度法测定。

4.5.2.2 主要仪器

往复振荡机,100mL 和 30mL 塑料广口瓶,原子吸收分光光度计。

4.5.2.3 试剂

(1)DTPA 提取剂(其成分为:0.005mol/L DTPA—0.01mol/L $CaCl_2$ 和 0.1mol/L TEA,pH=7.3)。称取 DTPA(二乙基三胺五乙酸,$C_{14}H_{23}N_3O_{10}$,分析纯)1.967g 置于 1L 容量瓶中,加入 TEA(三乙醇胺,$C_6H_{15}O_N$)14.992g,用去离子水溶解,并稀释至 950mL。再加 $CaCl_2 \cdot 2H_2O$ 1.47g,使其溶解。在 pH 计上用 6mol/L HCl 调节至 pH=7.30(每升提取液约需要加 6mol/L HCl 8.5mL),最后用去离子水定容。储存于塑料瓶中。

(2)Zn 的标准溶液。100μg/mL 和 10μg/mL Zn,溶解纯金属锌 0.100 0g 于 1:1 HCl 50mL 溶液中,用去离子水稀释定容至 1L,即为 100μg/mL Zn 标准溶液。标准 Zn 系列溶液,将 100μg/mL Zn 标准溶液用去离子水稀释 10 倍,即为 10μg/mL Zn 标准溶液。准确量取 10μg/mL Zn 标准溶液 0mL、2mL、4mL、6mL、8mL、10mL 置于 100mL 容量瓶中,用去离子水定容,即得 0μg/mL、0.2μg/mL、0.4μg/mL、0.6μg/mL、0.8μg/mL、1.0μg/mL Zn 系列标准溶液。

(3)Cu 的标准溶液。100μg/mL 和 10μg/mL Cu。溶解纯铜 0.100 0g 于 1:1 HNO_3 50mL 溶液中,用去离子水稀释定容至 1L,即为 100μg/mL Cu 标准溶液。标准 Cu 系列溶液,将 100μg/mL Cu 标准溶液用去离子水稀释 10 倍,即为 10μg/mL Cu 标准溶液。准确量取 10μg/mL Cu 标准溶液 0mL、2mL、4mL、6mL、8mL、10mL 置于 100mL 容量瓶中,用去离子水定容,即得 0μg/mL、0.2μg/mL、0.4μg/mL、0.6μg/mL、0.8μg/mL、1.0μg/mL Cu 标准系列溶液。

4.5.2.4 操作步骤

称取通过 1mm 筛的风干土 25.00g 放入 100mL 塑料广口瓶中,加 DTPA 提取剂 50.0mL,25℃下振荡 2h,过滤。滤液、空白溶液和标准溶液中的 Zn、Cu 用原子吸收分光光度计测定。测定时仪器的操作参数选择见表4-4。

表4-4 原子吸收光谱法测定铜、锌的操作参数

参数名称	铜(Cu)	锌(Zn)
最适宜的浓度范围(μg/mL)	0.2~10	0.05~2
灵敏度(μg/mL 1%)	0.1	0.02
检测限(μg/mL)	0.001	0.001
波长(nm)	324.7	213.8
空气-乙炔火焰条件	氧化型	氧化型

最后分别绘制Cu、Zn标准曲线。

4.5.2.5 结果计算

$$土壤有效铜(锌)含量(mg/kg)=\rho \cdot V/m$$

式中：ρ为标准曲线查得待测液中铜或锌的质量浓度(μg/mL)；V为DTPA浸提剂的体积(mL)；m为称取土壤样品的质量(g)。

4.5.3 中性和酸性土壤有效Cu、Zn的测定——0.1HCl mol/L浸提-AAS法

4.5.3.1 方法原理

0.1mol/L HCl浸提土壤有效Cu、Zn，不但包括了土壤水溶态和代换态的Cu、Zn，还能释放酸溶性化合物中的Cu、Zn，后者对植物的有效性则较低。本法适用于中性和酸性土壤。浸提液中的Cu、Zn可直接用原子吸收分光光度法测定。

4.5.3.2 主要仪器同4.5.2.2。

4.5.3.3 试剂

(1) 0.1mol/L盐酸(HCl,优质纯)溶液。

(2) Zn标准溶液。100μg/mL和10μg/mL Zn,同4.5.2.3中(2)。

(3) Cu标准溶液。100μg/mL和10μg/mL Cu,同4.5.2.3中(3)。

4.5.3.4 操作步骤

称取通过1mm筛的风干土10.00g放入100mL塑料广口瓶中，加0.1mol/L HCl 50.0mL,25℃下振荡1.5h,过滤。滤液、空白溶液和标准溶液中的Zn、Cu用原子吸收分光光度计测定。测定时仪器的操作参数选择同前。

4.5.3.5 结果计算

同4.5.2.5。

4.6 土壤中铅的测定

土壤中铅的测定实验可采用 GB/T 17141-1997 中的方法测定。

4.6.1 实验方法

4.6.1.1 试剂

硝酸、氢氟酸均为优级纯。磷酸氢二铵为分析纯。铅标准储备溶液 GBW 08619（1 000μg/mL）不确定度为 2μg/mL（中国国家标准物质中心）。铅标准使用液（250μg/L）：用移液管 10mL（A 级）取铅标准储备溶液于 1 000mL（A 级）容量瓶中，用 0.2% 硝酸定容；再用移液管 5mL（A 级）取上述溶液于 200mL（A 级）容量瓶中，用 0.2% 硝酸定容。环境标准物质：土壤标准样品 ESS-1（中国环境监测总站）。

4.6.1.2 器材

移液管 A 级（2±0.010）mL；（5±0.015）mL；（10±0.020）mL。分度吸管 A 级（5±0.025）mL。容量瓶 A 级（25±0.03）mL；（50±0.05）mL；（200±0.15）mL；（1 000±0.40）mL。电光分析天平 $u=0.3$mg，$(K=2)$。WX-4000 微波快速消解系统（上海屹尧分析仪器有限公司），z-8100 原子吸收分光光度计（日本日立）。

4.6.2 实验操作

4.6.2.1 试样处理

准确称取 0.2g（精确到 0.000 2）于聚四氟乙烯消解罐加水湿润，加入 5mL 硝酸，5mL 氢氟酸消解澄清，定容 50mL 容量瓶中。

4.6.2.2 标准曲线

铅标准工作系列：用 5mL 分度吸管分取 0mL、1.00mL、2.00mL、3.00mL、4.00mL 铅标准使用液于 25mL 容量瓶中，加入 3mL 浓度为 5% 磷酸氢二铵溶液，用浓度为 0.2% 硝酸溶液定容。

4.6.2.3 仪器条件

塞曼扣背景，波长 283.3nm，灯电流 7.5mA，狭缝 1.3nm，载气（Ar）200mL/min，进样量 20μL，干燥 80~120℃，30s；灰化 550℃，30s；原子化 2 000℃，10s；净化 2 400℃，3s。

4.6.2.4 试样测定

精密度的测定：取不同试样 10 个样品按 4.6.2.1 独立重复操作，每个样品做两次。方法回收率的测定：通过已知定值的标准土壤样品 ESS-1 按 4.6.2.1 的方法操作，测定 6 次记录结果。

4.6.3 测量结果

根据样品的消解和分析过程,土壤样品中铅的含量的数学模型表示为

$$质量分数\ X(\mathrm{mg/kg}) = \frac{c \times V}{m \times 1000 \times F} \times f$$

式中:c 为测试液减去空白吸光值后曲线上查得的浓度(μg/L);V 为消解后定容的体积(mL);m 为取样量(g);f 为稀释因子(如果溶液中组分浓度超出标准曲线范围,溶液需要稀释的倍数);F 为需要考虑的回收率调整。

第5章 土壤中元素的形态分析

5.1 单一提取态分析

对单一形态的单独提取法适用于当痕量金属大大超过地球背景值时的污染调查。其特点是利用某一提取剂直接溶解某一特定形态,如水溶态或可迁移态、生物可利用态等。该法操作简便,提取时间短,便于直观地了解土壤元素在土壤组分中的赋存状态,从而可以判别元素的分布、活动能力、受污染程度可判断元素对农作物的潜在危害性。表5-1中列举了一些常用的单独提取方案以及操作条件。

表 5-1 一些常用的单独提取方案以及操作条件

形 态	提 取 剂	土壤/溶液(V/V)	提取时间(h)
迁移态	H_2O	1:0	24
	1mol/L NH_4NO_3	1:2.5	2
	0.1mol/L $CaCl_2$	1:10	2
植物可利用态	0.05mol/L EDTA,pH=7.0	1:10	1
	0.43mol/L HOAc	1:40	16
	0.005mol/L DTPA,0.01mol/L $CaCl_2$,0.01mol/L TEA,pH=7.3	1:2	2
	0.05mol/L DTPA,0.01mol/L $CaCl_2$,0.1mol/L TEA,pH=7.3	1:10	2
	1.0mol/L EDTA 1.0mol/L NH_4OAc,pH=7.0	1:10	2

生态地球化学评价样品中元素有效态分析是指土壤中能提供可被植物吸收的营养元素的分析。元素可浸提性分析是指土壤中能提供可被植物吸收的重金属有害元素的分析。

元素有效态分析项目包括铵态氮、硝态氮、有效磷、缓效钾、速效钾、交换性钾、钠、钙、镁、浸提性铁、铝、锰、硅、有效硼、有效钼、有效铜、锌、铁、交换性锰、易还原锰、有效硫、有效硅。元素的浸提性分析项目包括浸提性铅、浸提性钴。有效态元素测定推荐使用国家林业局颁布的森林土壤分析方法系列,浸提性铅、浸提性钴方法与有效铜浸提方法相同(见微量元素测定部分)。

5.2 连续提取态分析

连续提取方法通过模拟不同的环境条件,比如酸性或碱性环境、氧化性或还原性环境以及螯合剂存在的环境等,系统性地研究土壤中金属元素的迁移性或可释放性,能提供更全面的元素信息。

该法有以下优点:①提取过程相似于自然界状况下土壤遭受的天然与人为原因引起的电解质溶液的淋滤过程;②连续提取法得到的各种形态之和应该等于元素的总量,因此,分析结果可以很好地自检;③通过连续提取的方法可以得到在不同的环境条件下土壤中重金属的迁移性,用以分别地判断其危害性、潜在危害性,并为土壤的合理使用提供科学依据。

1979年由Tessier等提出的基于沉积物中重金属形态分析的五步连续提取法(图5-1)已广泛应用于土壤样品的重金属形态分析及其毒性、生物可利用性等研究。该法将金属元素分为可交换态、碳酸盐结合态、铁锰氧化物结合态、有机物结合态以及残余态。

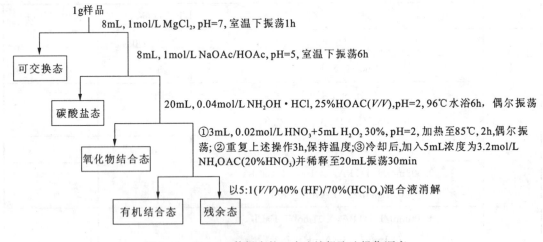

图5-1 Tessier等提出的5步连续提取法操作顺序

现举例:土壤中微量金属元素5个组分的连续提取。

称取定量样品,分别以氯化镁、醋酸钠、焦磷酸钠、盐酸羟胺、过氧化氢为提取剂提取离子交换态、碳酸盐结合态、弱有机结合态、铁锰氧化物结合态、强有机结合态,制备各相态分析液。适量提取上述各相态后的残渣,用盐酸、硝酸、高氯酸、氢氟酸处理后制备硅酸盐残渣态分析液。用全谱直读电感耦合等离子发射光谱法测定各相态中的铜、铅、锌、锰、钴、镍、镉、铬、钼;用氢化物-原子荧光光谱法测砷、锑、汞、硒。

相态分析液的分级提取及溶液制备(振荡浸取)

实验试剂

氯化镁：$c(MgCl_2)=1.0mol/L$，pH=7[用稀 HCL 和稀 $Mg(OH)_2$ 调 pH]

醋酸钠：$c(CH_3COONa \cdot 3H_2O)=1.0mol/L$，pH=5（用稀 CH_3COOH 和稀 NaOH 调 pH）

焦磷酸钠：$c(Na_4P_2O_7 \cdot 10H_2O)=0.1mol/L$，pH=10（用稀 HNO_3 和稀 NaOH 调 pH）

盐酸羟胺-盐酸混合液：$c(NH_2OH\ HCl)=0.25mol/L+c(HCl)=0.25mol/L$

过氧化氢：$\varphi(H_2O_2)=30\%$，pH=2（用 HNO_3 调 pH）

醋酸铵-硝酸混合液：$c(CH_3COONH_4)=3.2mol/L+c(HNO_3)=3.2mol/L$

稀王水：$(HCl+HNO_3+H_2O=3+1+2)$

硫脲+抗坏血酸$=1+1(m+m)$

硼氢化钾溶液：称取 7g 硼氢化钾、2g 氢氧化钠溶于 1 000mL 水中（现用现配）。

硼氢化钾溶液：称取溶液(5.16g)100mL 稀释至 1 000mL（现用现配）。

盐酸(HCl)：盐酸∶水=1∶1（体积比）。

实验步骤

1) 离子交换态

称取 100 目样品 2.500 0g 于 250mL 聚乙烯烧杯中，准确加入 25mL 氯化镁溶液 (1M,pH=7)，摇匀，盖上盖子。于振速为 200 次/min 的振荡器上振荡 2h。取下，除去盖子，在离心机上于 4 000r/min 离心 20min。将清液倒入 50mL 比色管中。向残渣中加入约 50mL 水洗沉淀后，于离心机上 4 000r/min 离心 10min，弃去水相，留下残渣(A)。

分取 5mL 清液于 10mL 比色管中，加 0.5mL HCl，水定容至刻度，摇匀。用于 ICP - OES 测定 Cu、Pb、Zn、Mn、Co、Ni、Cd、Cr、Mo。

分取 10mL 清液于 25mL 比色管中，加 5mL HCl，水定容至刻度，摇匀。用于 AFS 测定 As、Sb、Hg、Se。

2) 碳酸盐结合态

向残渣[上步残留的残渣(A)]中准确加入 25mL 醋酸钠溶液摇匀，盖上盖子，于振速为 200 次/min 的振荡器上振荡 5h。取下，除去盖子，在离心机上于 4 000r/min 离心 20min。将清液倒入 50mL 比色管中。向残渣中加入约 50mL 水洗沉淀后，于离心机上 4 000r/min 离心 10min，弃去水相，留下残渣(B)。

分取 5mL 清液于 10mL 比色管中，加 0.5mL HCl，水定容至刻度，摇匀。ICP - OES 法测定项目。

分取 10mL 清液于 25mL 比色管中，加 5mL HCl 水定容至刻度，摇匀。AFS 法测定项目。

3) 弱有机结合态

向残渣(B)中准确加入 50mL 焦磷酸钠溶液，摇匀，盖上盖子，于振速为 200 次/min

的振荡器上振荡 3h。取下,除去盖子,在离心机上于 4 000r/min 离心 20min。将清液倒入 50mL 比色管中。向残渣中加入约 50mL 水洗沉淀后,于离心机上 4 000r/min 离心 10min,弃去水相,留下残渣(C)。

分取 10mL 清液于 50mL 烧杯中,加 10mL HNO_3、2mL $HClO_4$,盖上表面皿,于电热板上加热蒸至 $HClO_4$ 白烟冒尽。取下,加入 1mL(1+1)HCl,水洗表面皿,加热溶解盐类,取下,冷却,定容 10mL 比色管,摇匀。留测 ICP-OES 项目。

分取 20mL 清液于 50mL 烧杯中,加 15mL HNO_3、3mL $HClO_4$,盖上表面皿,于电热板上加热蒸至冒 $HClO_4$ 白烟,如溶液呈棕色,再补加 5mL HNO_3,加热至冒 $HClO_4$ 浓白烟,至溶液呈无色或浅黄色,取下,加入 5mL HCl,水洗表面皿,低温加热溶解盐类,取下,冷却,定容 25mL 比色管,摇匀。留测 AFS 项目。

4) 铁锰氧化态

向上一步骤的残渣(C)中准确加入 50mL 盐酸羟胺溶液,摇匀,盖上盖子,于振速为 200 次/min 的振荡器上振荡 6h。取下,除去盖子,在离心机上于 4 000r/min 离心 20min。将清液倒入 50mL 比色管中。用水将沉淀转移到 25 比色管中,于转速为 4 000r/min 的离心机上离心 10min,弃去水相,留下残渣(D)。

取 10mL 清液于比色管中,测 ICP-OES 项目。

分取 20mL 于 25mL 比色管中,加 5mL HCl,摇匀。测 AFS 项目。

5) 强有机结合态

向上一步骤的残渣(D)中加入 3mL HNO_3、5mL H_2O_2,摇匀。在 (83 ± 3)℃的恒温水浴锅中保温 1.5h(期间每隔 10min 搅动一次)。取下,补加 3mL H_2O_2,继续在水浴锅中保温 1h10min(期间每隔 10min 搅动一次)。取出冷却至室温后,加入醋酸铵-硝酸溶液 5mL,并将样品稀释至约 25mL,搅匀,于室温静置 10h 后,在离心机上于 4 000r/min 离心 20min,将清液倒入 50mL 比色管中,水定容至 50mL,摇匀。向残渣中加入约 50mL 水洗沉淀后,于离心机上 4 000r/min 离心 10min,弃去水相,留下残渣(E)。

分取 25mL 清液于 50mL 烧杯中,加入 10mL HNO_3、2mL $HClO_4$,盖上表面皿,于电热板上加热至高氯酸冒浓白烟,取下,趁热加 5mL(1+1)HCl,水洗表面皿,低温加热至盐类溶解,取下冷却,定容 25mL,摇匀。

分取 5mL 溶液于 10mL 比色管中,留测 ICP-OES 项目。

将剩下的溶液中加入 5mL(1+1)HCl,摇匀,AFS 法测定 Se。

分取 20mL 离心清液于 25mL 比色管中,加入 5mL HCl,摇匀,用于 AFS 法测 As、Hg、Sb。

6) 残渣态

将上步骤残渣(E)风干,称重。称取 0.200 0g 样品于聚四氟乙烯坩埚中,水润湿,加盐酸、硝酸、高氯酸混合酸($V+V+V=1+1+1$)5mL,氢氟酸(5.6)5mL,于电热板上加热蒸至高氯酸白烟冒尽。取下,加 3mL(1+1)HCl,冲洗坩埚壁,电热板上加热至盐类溶解,取下冷却,定容 25mL 比色管,摇匀。留测 ICP-OES 项目。

称取风干残渣 0.200 0g 于 50mL 烧杯中,水润湿,加 20mL 稀王水,盖上表面皿,电热板上加热蒸至 5mL 左右(勿干),取下冷却,吹洗表面皿,加 10mL(1+1)HCl,移至 50mL 比色管中,定容至刻度,摇匀。用于 AFS 法测 As、Sb、Hg。

7) 称取风干残渣 0.200 0g 于 50mL 烧杯中,水润湿,加 15mL HNO_3、3mL $HClO_4$,电热板上加热至冒 $HClO_4$ 浓白烟 2min 左右,取下,加 5mL HCl,于电热板上低温加热至微沸,取下冷却,定容 25mL 比色管,摇匀。采用 AFS 法测 Se。

8) 全谱直读电感耦合等离子发射光谱法测各相态中铜、铅、锌、钴、镍、锰、铬、镉、钼量。

5.3 土壤对磷的等温吸附

5.3.1 实验目的

了解土壤对离子热力学吸附研究的一般方法和原理,掌握土壤对磷吸附等温线的制作方法,学会用所得数据拟合 Langmuir 和 Freundlich 等温吸附模式。

5.3.2 实验原理

在一定温度(25℃)下,向土壤中按一定土液比加入不同浓度的磷溶液,当吸附基本达到平衡后,以磷的加入量对土壤吸磷量作图,就得到土壤对磷的等温吸附曲线。土壤对磷的吸附量一般符合 Langrmuir 和(或)Freundlich 方程,通过计算可得出吸附数据与这两个理论模式的拟合程度。

Langmuir 方程的形式为:

$$\frac{c}{m} = \frac{c}{X_m} + \frac{1}{KX_m} \tag{5-1}$$

式中:c 为吸附平衡时磷溶液的浓度(mg/kg);m 为每千克样品所吸附磷的量(mg/kg);X_m 为最大吸附量(mg/kg);K 为与吸附结合能有关的常数(L/mg)。

Freundlich 方程的形式为:

$$\lg m = \lg K' + b \lg c \tag{5-2}$$

式中:c、m 与(5-1)式意义同;K' 和 b 为吸附常数。

上两方程中,已知 c 和 m,可求出 K 和 X_m 或 K' 和 b。

5.3.3 仪器和试剂

1) 仪器

摇床,离心机,721 分光光度计。

2) 试剂

(1) 磷溶液的浓度系列:称取105℃烘干的分析纯 KH_2PO_4 1.316g 溶于960mL 蒸馏水中,加5滴甲苯,用0.01mol/L 的 KCl 溶液定容到1 000mL。此溶液的离子强度为0.01,磷浓度为300mol/L。然后将此溶液用0.01mol/L 的 KCl 溶液稀释为含磷5mol/L,10mol/L,20mol/L,40mol/L,80mol/L,120mol/L,160mol/L 的溶液。

(2) 其他测磷的试剂,按《土壤理化分析》中钼锑抗比色法测磷的要求配制,使用钼锑抗—盐酸体系。

5.3.4 实验步骤

称取钾质土样2.50g(相当于烘干重)7份,分别置于7支100mL 塑料离心管中,然后加入50mL 磷元素浓度分别为5mg/L,10mg/L,20mg/L,40mg/L,80mg/L,120mg/L,160mg/L 的 KH_2PO_4 - KCl 系列溶液中。加2滴甲苯,塞紧橡皮塞,于25℃的恒温室中平衡1~3天,每天振动1h。然后取出离心管,离心10min(4 000r/min),取离心液测定磷的浓度,从加入磷的初始浓度与平衡浓度之差计算土壤的磷吸附量。

5.3.5 结果计算举例

设不同初始浓度下土壤对磷的吸附量如表5-2所示。

表5-2 不同初始浓度下土壤对磷的吸附量

初始浓度(c,mol/L)	5	10	20	40	80	120	160
吸附量(m,mg/kg 土壤)	100	198	326	550	858	1 180	1 270

计算这些数据与 Langmuir 方程式的拟合程度及 Langmuir 方程式中的参数(表5-3)。

表5-3 Langmuir 方程式中的参数

平衡浓度(c)	3	6.04	13.48	25.46	61.36	99.66	134.8
$c/m(\times 10^4)$	300	305	413.5	462.9	715.2	844.6	1 061.4

然后按 c/m、c 进行直线回归,可得出:

$$c/m = 3.08 \times 10^{-2} + 5.66 \times 10^{-4} c \quad (r = 0.9928)$$

即:

$$\frac{1}{X_m} = 5.66 \times 10^{-4}$$

$$\frac{1}{KX_m} = 3.08 \times 10^{-2}$$

由此,$X_m = 1767\text{mg/kg}$,$K = 1.84 \times 10^{-2}$。

所得数据与 Langmuir 式的相关系数为 0.992 8,达极显著相关。

5.3.6 注意事项

(1) 在测定离心清液磷浓度时,要进行适当的稀释,稀释倍数可通过实验确定,磷浓度较高的溶液也可用钒钼黄法测定。

(2) $KH_2PO_4 - KCl$ 系列溶液的浓度可根据土壤的实际情况确定。

5.3.7 思考题

(1) 实验为什么要用钾质土进行?它有什么优点?

(2) 实验中为什么加几滴甲苯?

(3) 土壤对磷的吸附量主要取决于什么组分?

5.4 土壤 Zn^{2+} 吸附反应活化能的测定

5.4.1 实验目的

土壤是一个复杂的动力学体系,其养分和污染元素处于动态变化之中。本实验要求了解用流动技术研究土壤对离子吸附动力学的基本方法和原理,掌握测定土壤对 Zn^{2+} 的吸附反应活化能的方法。

5.4.2 实验原理

土壤对 Zn^{2+} 等金属离子的吸附量随时间不断变化,不同土壤在不同条件下吸附 Zn^{2+} 的速度可以很不相同。吸附反应过程一般分 5 步进行:

(1) Zn^{2+} 离子通过水膜由溶液扩散到吸附剂(土壤)的外表面(膜扩散);

(2) Zn^{2+} 离子由吸附剂外表面扩散到颗粒内部(颗粒扩散);

(3) Zn^{2+} 离子与吸附点进行离子交换或配位交换;

(4) 被交换下来的 A^{n+} 离子由颗粒内部扩散到颗粒表面(颗粒扩散);

(5) A^{n+} 离子由颗粒表面扩散到溶液中(膜扩散)。

上述各步的速度和活化能相差很大。土壤吸附反应中,第(3)步一般较快,第(1)、(2)步则需要较长的时间,反应速度决定于第(1)或第(2)步。决定整个反应时间的步骤叫速控步骤或定速步骤。

低活化能值是以扩散为控制步骤的反应的典型特征。化学反应的活化能一般在 125kJ/mol 以上,扩散活化能比这一数值低很多。根据反应的活化能,即可初步判断反应的定速步骤是扩散还是化学反应。

5.4.3 动力学方程

动力学方程即吸附反应的速度方程。一般用一级方程可以很好地描述 Zn^{2+} 在土壤中的吸附动力学。

一级方程的形式为

$$\frac{dq_t}{dt} = K_a(q_0 - q_t) \tag{5-3}$$

式中：t 为时间；q_t 为 t 时刻土壤表面吸附的离子量；q_0 为吸附反应达平衡时的吸附量；K_a 为速度常数，是一个很有用的参数，根据不同温度下测得的 K_a，利用 Arrhenius 公式，可以计算出反应的活化能。即：

$$\lg \frac{K_a(T_2)}{K_a(T_1)} = \frac{E_a}{2.303 \times R}\left(\frac{1}{T_1} - \frac{1}{T_2}\right)$$

式中：E_a 为反应的活化能（摩尔）；R 为气体常数 $=8.314 J/K \cdot mol$；T_1，T_2 为绝对温度（K）。

5.4.4 试剂和仪器

(1) 试剂：0.15mmol/L 的 $ZnCl_2$ 溶液：称取 13.629 6g $ZnCl_2$，加适量水溶解后，定容至 1 000L，即为 100mmol/L 的 Zn^{2+} 溶液，并稀释成 0.15mmol/L 的 Zn^{2+} 溶液。

(2) 仪器与器皿：①超级恒温水槽；②电子蠕动泵；③自动部分收集器；④反应柱；⑤原子吸收分光光度计；⑥IBM-PC 机；⑦小试管。

5.4.5 实验步骤

1) 吸附实验

称取土样 0.250 0g 置于反应柱内，轻轻摇动，使柱内土样厚薄均匀，将反应柱放入超级恒温水槽。调节温度为 (25±1)℃，开启蠕动泵，使 0.15mmol/L 的 Zn^{2+} 溶液以恒定流速 (0.5mL/min) 流过土柱，自动部分收集器每隔 10min 收集流出液。

原子吸收法测定流出液中 Zn^{2+} 的浓度 (c)，根据反应前后的浓度差，计算各时间段内的吸附量 q_t。

吸附量的计算公式如下：

$$q_t = (0.15 - c) \times 20$$

将水浴温度调到 (15±1)℃，重复上述操作，即可得到不同温度条件下的 q_t。

2) 用实验数据拟合一级方程

式 5-3 的积分式为

$$\ln\left(1 - \frac{q_t}{q_0}\right) = -K_a t + A \tag{5-4}$$

将不同时间的 q_t 值输入计算机,进行回归分析,得出相关系数 r、标准误差 SE 以及 K_a 值。根据前两个数据,我们判断一级方程拟合的程度。K_a 则可用来计算反应的活化能。

3) 计算活化能

分别将 25℃(T_2)、15℃(T_1)时得到的 K_a 值代入 Arrhenius 公式,计算出活化能 E_a 值:

$$E_a = \frac{T_1 \times T_2}{T_2 - T_1} \times \frac{2.303 \times 8.314}{\lg \frac{K_a(T_2)}{K_a(T_1)}}$$

5.4.6 注意事项

(1) 在不同温度条件下,实验的土液比要前后一致。

(2) 原子吸收测定 Zn^{2+} 时,标准系列至少要有 5 个点,且相关系数不小于 0.999 9,这样才能使测量误差减至允许范围。

5.4.7 思考题

Zn^{2+} 的浓度对 K_a 值有什么影响?Zn^{2+} 溶液通过土柱的速度对 K_a 值又有什么影响?

参 考 文 献

1. 鲍士旦. 土壤理化分析(3 版)[M]. 北京：中国农业出版社,2000.
2. 中国土壤学会农业化学专业委员会. 土壤农业化学常规分析方法[M]. 北京：科学出版社,1984.
3. 鲁如坤,中国土壤学会编. 土壤农业化学分析方法[M]. 北京：中国农业科技出版社,1999.
4. 武汉市地质地貌及第四纪地质图及说明书(1∶50 000). 湖北省地质矿产局区域地质矿产调查所印刷出版,1990.
5. 杜森,高祥照. 土壤分析技术规范[M]. 北京：中国农业出版社,2006.
6. 李学垣. 武汉市三种土壤的性质及其分类归属[J]. 华中农业大学学报,1987,6(4):309~317.
7. 李学垣. 土壤化学及实验指导[M]. 北京：中国农业出版社,1997.

附表 A 元素的原子量表

（录自 1997 年国际原子量表，并全部取 4 位有效数字）

元素		原子量	元素		原子量	元素		原子量
Ag	银	107.868 00	H	氢	1.007 9	Rb	铷	85.467 8
Al	铝	26.981 54	He	氦	4.002 60	Rh	铑	102.905 5
Ar	氩	39.948	Hg	汞	200.59	Rn	氡	(222)
As	砷	74.921 6	I	碘	126.904 5	Ru	钌	101.07
Au	金	196.966 5	In	铟	114.82	S	硫	32.06
B	硼	10.81	K	钾	39.098	Sb	锑	121.75
Ba	钡	137.33	Kr	氪	83.80	Sc	钪	44.955 9
Be	铍	9.012 18	La	镧	138.905 5	Se	硒	78.966
Bi	铋	208.980 4	Li	锂	6.941	Si	硅	28.085 5
Br	溴	79.904	Mg	镁	24.305	Sn	锡	118.69
C	碳	12.011	Mn	锰	54.938 0	Sr	锶	87.62
Ca	钙	40.08	Mo	钼	95.94	Te	碲	127.60
Cd	镉	112.41	N	氮	14.006 7	Th	钍	232.038 1
Ce	铈	140.12	Na	钠	22.989 77	Ti	钛	47.90
Cl	氯	35.453	Ne	氖	20.179	Tl	铊	204.37
Co	钴	58.933 2	Ni	镍	58.70	U	铀	238.029
Cr	铬	51.996	O	氧	15.999 4	V	钒	50.942 5
Cs	铯	132.905 4	Os	锇	190.2	W	钨	183.85
Cu	铜	63.546	P	磷	30.973 76	Xe	氙	131.29
F	氟	18.998 403	Pb	铅	207.2	Zn	锌	65.39
Fe	铁	55.847	Pb	钯	106.4	Zr	锆	91.22
Ga	镓	69.72	Pt	铂	195.09			
Ge	锗	72.59	Ra	镭	226.025 4			

附表 B 常用商品试剂的近似比重、百分含量、摩尔浓度和当量浓度

名　称	按重量计百分含量	比重	摩尔浓度(mol/L)	当量浓度(N/L)
盐酸 HCl	37	1.19	12.0	12.0
氢氟酸 HF	48	1.15	27.6	27.5
硝酸 HNO_3	70	1.40	16.0	16.0
高氯酸 $HClO_4$	70	1.68	11.6	11.6
硫酸 H_2SO_4	96	1.84	18.0	36.0
醋酸 CH_3COOH	35	1.05	6.0	6.0
氢氧化铵 NH_4OH	27	0.88	14.0	14.0

附表 C 几种洗涤液的配制

1. 铬酸洗液：配方不一，例如 50g $K_2Cr_2O_7$ 或 $Na_2Cr_2O_7$ 溶于 100mL 热水，冷后，将 900mL 工业用浓 H_2SO_4 慢慢注入 $K_2Cr_2O_7$ 水溶液中。有的是氧化力较强的含有深红色 CrO_3 结晶的洗液：用 80g $K_2Cr_2O_7$ 或 $Na_2Cr_2O_7$ 溶于 30mL 热水，冷后，将 1 000mL 工业用浓 H_2SO_4 慢慢注入此液。
2. 碱性酒精洗液：工业用酒精与 300g/L NaOH 或 KOH 溶液等体积混合。
3. 草酸洗液：5g 草酸溶于 1L 1∶9 H_2SO_4 溶液中。
4. 用 1∶9 HNO_3 溶液作为洗涤液很有效，特别适宜于原子吸收光谱分析。